电子电气基础课程规划教材

电 路 实 验

姜艳红　王开宇　主　编

邸　新　孙　鹏　副主编

陈　景　崔承毅　马　驰　参　编

电子工业出版社

Publishing House of Electronics Industry

北京·BEIJING

内 容 简 介

本书以培养学生工程素质、加强学生分析问题和解决问题的能力为目标，依据教育部关于工程教育的新要求编写而成。全书共分 4 部分：第一部分为基础知识，包括电工电子元器件、常用电气测量仪表和仪器、测量技术和安全用电常识等内容；第二部分为实验，包括实验目的、要求、原理、操作方法及注意事项等内容；第三部分为计算机辅助设计，包括软件介绍、电路设计及仿真方法等内容；第四部分为实验设备介绍，包括实验平台、信号发生器、双踪示波器等仪器设备的介绍和操作说明。

本书既可作为高等院校电类、电气信息类及相近专业电路课程配套的实验教材，也可供电子科学爱好者和相关领域的人员参考。

图书在版编目（CIP）数据

电路实验/姜艳红，王开宇主编. —北京：电子工业出版社，2017.9
ISBN 978-7-121-31876-4

Ⅰ. ①电⋯　 Ⅱ. ①姜⋯ ②王⋯　 Ⅲ. ①电路－实验－高等学校－教材　 Ⅳ. ①TM13-33

中国版本图书馆 CIP 数据核字（2017）第 133557 号

策划编辑：竺南直
责任编辑：张　京
印　　刷：北京虎彩文化传播有限公司
装　　订：北京虎彩文化传播有限公司
出版发行：电子工业出版社
　　　　　北京市海淀区万寿路 173 信箱　邮编 100036
开　　本：787×1 092　1/16　印张：13　字数：333 千字
版　　次：2017 年 9 月第 1 版
印　　次：2024 年 1 月第 10 次印刷
定　　价：29.80 元

前　　言

电路实验是电类的专业基础性实践教学课程之一，是工科电子、通信、自动化、计算机、电气及生物医学类的主要专业基础课程，是电类专业学生、电子科学爱好者学习和掌握电路相关知识、电路实验技能的重要途径。

本书在内容安排方面侧重基本知识、基本理论和基本实验方法的介绍，使读者在掌握电路分析理论的基础上，通过本书的学习，进一步加深对电路理论知识的理解和巩固，把抽象的知识转化为与实际相结合的知识，为进一步学习打下有利的基础；同时，通过本书中的一些实验项目的锻炼，能够掌握一些电工测量仪器、仪表的正确使用方法和使用技巧，以及对实验数据进行后处理的正确方法，具备分析问题、解决问题和排除电路故障的能力，具备电路综合设计的能力。

目前，我国教育部门在高等院校中大力强调工程教育，培养具有创新能力、适应社会需求的工程技术人才，这对电路实验课程提出了更高的要求。本书的实验教学内容既与理论课内容紧密配合，又与工程实际、知识综合运用相结合，力求启迪思维、开阔视野，培养创新能力。

本书以教育部提出的"卓越工程师教育培养计划"为指导思想，在体系结构的设计上注重加深对理论知识的理解和运用，注重加大学生动脑思考设计实验内容的比例，注重加强学生动手能力的培养，理论联系实际，循序渐进地培养学生的实践能力。实验内容多为综合型实验，是设计型实验内容和基础理论验证型实验内容的紧密结合。

基础理论验证型实验部分中，通过实验进一步加深对基本电路理论中的概念、原理的理解及应用，掌握实验的操作规程和各类仪器设备的正确使用方法。设计型实验是在基础理论验证型实验内容上的提升，要求自主设计实验方案，确定实验步骤和方法，独立进行数据分析、电路设计、实验研究等环节，培养发现、分析和解决问题等实践创新能力，培养综合运用各类知识进行系统分析和设计的能力。

本书作为高等学校实验教材使用时，各校可以根据实验学时的具体情况，在一个实验时间段内安排不同的实验内容供学生选择，这样每个学生可以根据自己的实际情况选择完成何种实验内容，充分做到既能保证学生学习知识点的完整性，又能保证每次实验内容的多样性，有利于实施分层教学。因材施教的实验教学培养模式也可以帮助学生在有限的实验时间内完成更多的实验内容，学习并掌握更多的电路设计和调试方法，提高学生综合实践技能，完成实验教学培养目标。

本书对仿真软件 Multisim 14.0 进行了初步介绍。这是一款当前极为流行的电路教学和电子系统设计软件，可以提供虚拟实验环境，让学生和广大电子爱好者进行电子系统设计的练习。这种练习不拘泥于实验场所和时间，虚拟环境中的所有硬件条件甚至比实际实验室更完善，非常方便有效。

本书共分 4 部分：第一部分为基础知识，包括电工电子元器件、常用电气测量仪表和仪器、测量技术和安全用电常识等内容；第二部分为实验，包括实验目的、要求、原理、操作方法及注意事项等内容；第三部分为计算机辅助设计，包括软件介绍、电路设计及仿真方法等内容；

第四部分为实验设备介绍，包括实验平台、信号发生器、双踪示波器等仪器设备的介绍和操作说明。

本书由大连理工大学姜艳红、王开宇主编，第一部分由姜艳红、王开宇、孙鹏参与编写，第二部分由姜艳红、邱新、孙鹏、陈景参与编写，第三部分由姜艳红、崔承毅、马驰参与编写，第四部分由姜艳红、土开宇、邱新参与编写，全书由姜艳红统稿。

金明录、董维杰、陈希有三位教授对本书的编写给予了多方面帮助与指导，编者在此表示衷心的感谢！本书编写过程中参考了诸多国内外著作和文献，编者一并表示感谢！再一次衷心感谢所有在本书出版过程中关心、支持和帮助过编者的朋友们！

本书的主编及全部参编人员在"电路实验 A"和"电路实验 B"课程中任教多年并承担相关教学、科研项目多年，积累了丰富的课程素材，希望通过此项工作，为我国电类专业本科教育的相关教材建设做出应有的贡献。本书不仅可以作为高等院校电类、电气信息类及相近专业电路课程配套的实验教材，也可以供电子科学爱好者和相关领域的人员参考。

关于本书的编写，我们全部参编人员都倾注了极大的精力，力求将多年积累的先进教学理念和经验奉献给读者，但是难免有疏漏不当之处，恳请广大同行和读者不吝赐教。

编　者

2017 年 4 月于大连

目　　录

第一部分

基础知识

第1章 电工电子元器件

1.1 电阻器

1. 定义

电阻器是在电路中限制电流或将电能转变为热能等其他能量的电器，一般简称为电阻，用 R 表示，它是说明器件在电路中阻碍电流通过能力的电路参数。

2. 种类

一般电阻有两种分类方式，按照制造材料或电阻值是否可以改变进行分类。

按照制造材料可分为：线绕电阻、碳膜电阻、金属膜电阻、金属氧化膜电阻、敏感电阻（热敏电阻、压敏电阻、光敏电阻）等。一般金属膜电阻比碳膜电阻精度高、稳定性好，在仪器、仪表及通信设备中很常见。

按照电阻值是否可以改变可分为：固定电阻和可变电阻。

根据国标 GB 2471—1981，电阻器和电位器的型号命名方法见表 1-1。

表 1-1 电阻器和电位器的型号命名法

第 一 部 分		第 二 部 分		第 三 部 分		第 四 部 分
主 称		材 料		特 征		序 号
符 号	意 义	符 号	意 义	符 号	意 义	
R	电阻器	T	碳膜	1, 2	普通	后缀包括：
W	电位器	P	硼碳膜	3	超高频	
		U	硅碳膜	4	高阻	额定功率
		C	沉积膜	5	高温	阻值
		H	合成膜	7	精密	允许误差
		I	玻璃釉膜	8	电阻—高压	精度等级
		J	金属膜（箔）	9	电位器—特殊函数	
		Y	氧化膜	G	特殊	
		S	有机实心	T	高功率	
		N	无机实心	X	可调	
		F	熔断保护	L	小型	
		X	线绕	W	测量用	
		R	热敏	D	微调	
		G	光敏		多圈	
		M	压敏			

3．主要参数

电阻器的参数很多，常见的有如下四种。

（1）标称阻值：电阻工作在额定温度（通常为20℃）时的设计阻值，它由国家标准规定，生产者不能制造任意阻值的电阻，如表1-2所示，固定电阻器的阻值是这些数值与10^n的乘积（n为整数）。

表1-2 电阻的标称值

电阻级别	允许误差	标称阻值系列
Ⅰ	±5%	1.0 1.1 1.2 1.3 1.5 1.6 1.8 2.0 2.2 2.4 2.7 3.0 3.3 3.6 3.9 4.3 4.7 5.1 5.6 6.2 6.8 7.5 8.2 9.1
Ⅱ	±10%	1.0 1.2 1.5 1.8 2.2 2.7 3.3 3.9 4.7 5.6 6.8 8.2
Ⅲ	±20%	1.0 1.5 2.2 2.3 4.7 6.8

（2）允许误差：由于制造材料及制造工艺的原因，电阻的实际阻值与标称阻值之间不完全相等而可能存在的最大偏差。我国的国家标准规定，常用电阻的允许误差通常有±5%、±10%和±20%三种，精密电阻的允许误差小于±1%、高精密电阻的允许误差最高可达±0.001%。制作材料不同，允许误差一般也不相同，碳膜电阻多为±5%和±10%、金属膜电阻多在±2%以下。

（3）额定功率：电阻在标准大气压和额定环境温度下连续工作所允许耗散的最大功率数值。如果电阻的实际消耗功率超过它的额定功率，就会因为过热而损坏。通常选择电阻器时，会选择额定功率为实际消耗功率的两倍或以上。我国固定电阻器的额定功率系列如下：线绕电阻器有 0.05、0.125、0.25、0.5、1、2、4、8、10、16、25、40、50、75、100、150、250和500系列；非线绕电阻有 0.05、0.125、0.25、0.5、1、2、5、10、25、50和100系列。

（4）温度系数：电阻在规定的环境温度下工作时，温度改变 1℃时电阻值的平均相对变化，是一个百分数，它取决于电阻的制造材料。例如，铂的温度系数是 0.00374/℃，在 20℃时，一个1000Ω的铂电阻，当温度升高到21℃时，它的电阻将变为1003.74Ω。

厂家在标注电阻器参数时通常采用直标法、文字符号法或色标法。直标法一般用于额定功率在 0.5W 以上、体积较大的电阻器上，如 4.7kΩ±5%。文字符号法是用数字和文字符号的组合来表示标称阻值和允许误差。标称阻值有 R、K、M、G、T 五种表示法，分别表示欧姆（Ω）、千欧（kΩ）、兆欧（MΩ）、吉欧（GΩ）和太欧（TΩ）。允许误差的文字符号如表 1-3 所示。色标法则使用不同颜色的色带在电阻器表面标出标称值和允许误差，如图 1-1 所示。普通电阻器有四条色带，第三条表示倍率，第四条表示允许误差。精密电阻有五条色带，第四条表示倍率，第五条表示允许误差。

表1-3 允许误差对应的文字符号

对称允许误差/%	±0.001	±0.002	±0.005	±0.01	±0.02	±0.05	±0.1
文字符号	Y	X	E	L	P	W	B
对称允许误差/%	±0.2	±0.5	±1	±2	±5	±10	±20	±30
文字符号	C	D	F	G	J	K	M	N

不对称允许误差/%	+100 -0	+100 -10	+50 -10	+30 -10	+50 -20	+80 -20	+不规定 -20
文字符号	H	R	T	Q	S	Z	不标记

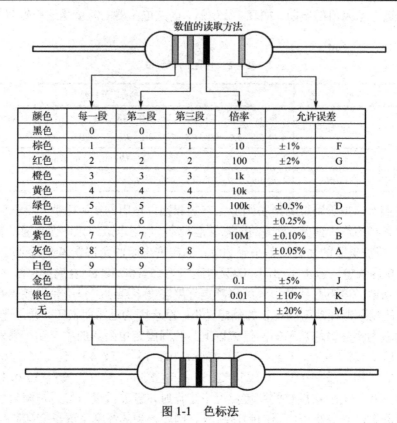

数值的读取方法

颜色	每一段	第二段	第三段	倍率	允许误差	
黑色	0	0	0	1		
棕色	1	1	1	10	±1%	F
红色	2	2	2	100	±2%	G
橙色	3	3	3	1k		
黄色	4	4	4	10k		
绿色	5	5	5	100k	±0.5%	D
蓝色	6	6	6	1M	±0.25%	C
紫色	7	7	7	10M	±0.10%	B
灰色	8	8	8		±0.05%	A
白色	9	9	9			
金色				0.1	±5%	J
银色				0.01	±10%	K
无					±20%	M

图 1-1　色标法

4. 外观

常见的实际电阻器有四种，色环电阻器、绕线电阻器、电位器和滑动变阻器，如图 1-2 所示。

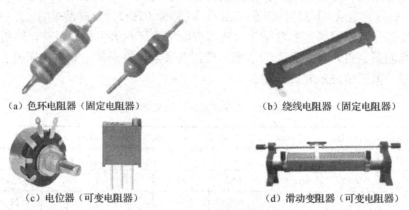

（a）色环电阻器（固定电阻器）　　　　　　（b）绕线电阻器（固定电阻器）

（c）电位器（可变电阻器）　　　　　　（d）滑动变阻器（可变电阻器）

图 1-2　常见电阻器的外观

5. 图形符号

根据 GB/T 4728.4—2008 电气简图用图形符号的规定,在电路图中一般使用图 1-3 所示的符号表示各类电阻器。

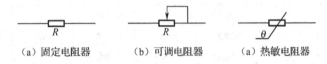

（a）固定电阻器　　　　（b）可调电阻器　　　　（a）热敏电阻器

图 1-3　电阻器的图形符号

1.2　电容器

1. 定义

由两片接近并相互绝缘的导体制成电极组成的存储电荷和电能的元件称为电容器,一般简称为电容。

2. 种类

电容器的分类方式很多,常见的四种分类方式如下。

（1）按照结构分类,可以分为固定电容器、可变电容器和微调电容器等。

（2）按照电解质分类,可以分为有机介质电容器、无机介质电容器、电解电容器和空气介质电容器等。

（3）按照绝缘材料分类,可以分为纸介电容器、云母电容器、瓷介电容器、涤纶电容器、电解电容器、钽电容器和聚乙烯电容器等。

（4）按照用途分类,可以分为高频旁路电容器、低频旁路电容器、滤波电容器、调谐电容器、高频耦合电容器、低频耦合电容器和储能电容器等。

根据国标 GB 2471—1981,电容器的型号命名法见表 1-4。

3. 主要参数

大多数情况下,选择电容器主要参考标称电容值和额定电压即可,但是电容器的参数并不仅有这两项,一般还有允许误差、绝缘电阻、温度系数和频率特性等。

电容器的标称值由国家标准制定,生产者不能制造任意电容值的电容。在单位电压作用下,电容器所存储的电荷量即为电容值,它表征了电容器存储电荷的能力。电容器的标称值分为 E24、E12、E6 三个系列。E6 系列为最常用的,E12 系列次之,E24 系列又次之。

E24 系列的取值为 1.0、1.1、1.2、1.3、1.5、1.6、1.8、2.0、2.2、2.4、2.7、3.0、3.3、3.6、3.9、4.3、4.7、5.1、5.6、6.2、6.8、7.5、8.2、9.1 乘以 10^n（n 为整数）;

E12 系列的取值为 1.0、1.2、1.5、1.8、2.2、2.7、3.3、3.9、4.7、5.6、6.8、8.2 乘以 10^n（n 为整数）;

E6 系列的取值为 1.0、1.5、2.2、3.3、4.7、6.8 乘以 10^n（n 为整数）。

表 1-4　电容器的型号命名法

第 一 部 分		第 二 部 分				第 三 部 分		第四部分
主 称		材 料				特 征		序 号
符 号	意 义	符 号	意 义	符 号	意 义	符 号	意 义	
C	电容器	C	高频瓷介	LS	聚碳酸酯	T	铁介	包括：品种、尺寸代号、温度特征、直流工作电压、标称值、允许误差、标准代号
		I	玻璃釉	Q	漆膜	W	微调	
		O	玻璃膜	H	纸膜复合	J	金属化	
		Y	云母	D	铝电解	X	小型	
		V	云母纸	A	钽电解	S	独石	
		Z	纸介	G	合金电解	D	低压	
		J	金属化纸介	N	铌电解	M	密封	
		B	聚苯乙烯	T	低频瓷介	Y	高压	
		BB	聚丙烯	M	压敏	C	穿心式	
		BF	聚四氟乙烯	E	其他材料	G	高功率	
		L	涤纶（聚酯）					

　　常见的电容器容量的标示方法有直标法、文字符号法、色标法和数学计数法。前三种方法与电阻器的标示方法类似。文字符号法的符号不仅表示单位还表示小数点位置。例如，1p0表示 1pF，2μ2 表示 2.2μF，4n7 表示 4.7nF，p、n、μ、m 或 F 既表示小数点位置又表示电容值的单位为 pF、nF、μF、mF 或 F。色标法使用颜色标记与电阻器相同，单位为 pF，从上到下有三条色带，上面两条表示有效数字，第三条色带表示倍率，即乘以 10 的几次幂，如图 1-4 所示。数字计数法是直接用数字表示电容值的方法，单位也是 pF，数字由三位组成，前两位表示有效数字，最后一位表示倍率。例如 332 表示 33×10^2pF，即 3300pF。

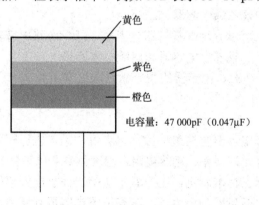

图 1-4　色标法电容器

　　电容器的额定电压是指在额定环境温度下，允许连续加在电容器上的最高电压。电容器使用中，如果电压超过额定电压，会因为介质击穿造成不可修复的永久损坏，还可能发生危险。例如电解电容器，它被击穿后漏电流增大，内部发热量剧增，电容器内部的电解液因为高温变成气体，使铝外壳内部的压力剧增，一旦压力冲破铝外壳，就会发生爆裂，危及使用者安全。

　　电容器额定电压的标注有两种常见方法：一种是把数值直接印在电容器上；另一种是采

用一个数字和一个字母组合而成，不同字母代表不同的数值，如表 1-5 所示，数字表示乘以 10 的几次幂，字母表示数值，单位是 V。例如 2E 表示额定电压为 $2.5 \times 10^2 V$，查看表 1-5 也可得到额定电压为 250V。

表 1-5 电容器的额定电压系列

	A	B	C	D	E	F	G	H	J	K	Z
0	1.0	1.25	1.6	2.0	2.5	3.15	4.0	5.0	6.3	8.0	9.0
1	10	12.5	16	20	25	31.5	40	50	63	80	90
2	100	125	160	200	250	315	400	500	630	800	900
3	1000	1250	1600	2000	2500	3150	4000	5000	6300	8000	9000
4	10 000	12 500	16 000	20 000	25 000	31 500	40 000	50 000	63 000	80 000	90 000

电容器的允许误差表示电容器的实际电容值相对标称值最大允许偏差的范围。一般用符号 F、G、J、K、L 和 M 来表示，代表允许误差为±1%，±2%，±5%，±10%，±15%和±20%。

电容器的绝缘电阻是施加在其两端的直流电压和产生的漏电流之比。该电压必须与正常工作电压相当或略高，接近于电容器的额定电压。电容器的绝缘电阻越小，漏电流越大，使用中电容器的损耗越大，甚至影响电路正常工作，漏电流过大会损坏电容器。

电容器的温度系数是指在给定的温度间隔内，温度每变化 1℃时，电容的变化数值与该温度下的标称电容的比值，主要与电容器介质材料的温度特性及电容器的结构有关。一般电容器的温度系数越大，电容量随温度的变化也越大。为使电子电路能稳定地工作，应尽量选用温度系数小的电容器。根据国家标准，电容器的温度系数可用颜色或字母符号标识。

电容器的频率特性是指电容器对不同工作频率所表现出的不同性能，主要是电容量等参数随电路工作频率变化而变化的特性，如大容量的电解电容器只能使用在低频电路中，而小容量的云母电容器、高频瓷介电容器则可以使用在高频电路中。

4．外观

常见的电容器有电解电容器、涤纶电容器、瓷介电容器和无极电容器等，它们的外观如图 1-5 所示。

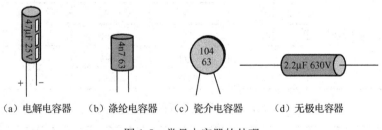

（a）电解电容器　　（b）涤纶电容器　　（c）瓷介电容器　　（d）无极电容器

图 1-5 常见电容器的外观

5．图形符号

根据 GB/T 4728.4—2008 电气简图用图形符号的规定，在电路图中一般使用图 1-6 所示的符号表示各类电容器。

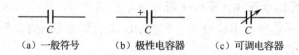

（a）一般符号　　　（b）极性电容器　　　（c）可调电容器

图 1-6　电容器的图形符号

1.3　电感器

1. 定义

电感器是由绝缘导线绕制而成的各种线圈，因此也称为电感线圈。它是提供电感、把电能转化为磁能存储起来的元件，又称为扼流器、电抗器、动态电抗器，一般简称为电感。

2. 种类

电感器按照导磁体性质分类，可以分为空心电感线圈、铁氧体电感线圈、铁芯电感线圈和铜芯电感线圈等。

电感器按照绕线结构分类，可以分为单层电感线圈、多层电感线圈和蜂房式电感线圈等。

电感器按照电感值是否可变分类，可以分为固定电感线圈和可变电感线圈。

电感器按照用途分类，可以分为天线电感线圈、振荡电感线圈、扼流电感线圈、陷波电感线圈和偏转电感线圈等。

电感器按照工作频率和电流分类，可以分为高频电感线圈和功率电感线圈等。

目前电感器的型号命名方法并不统一，各生产厂家有所不同，常见的两种方式如表 1-6 和表 1-7 所示。

表 1-6　电感器型号三部分命名方法

第一部分：主称		第二部分：电感量			第三部分：误差范围	
字　母	含　义	数字与字母	数　字	含　义	字　母	含　义
L 或 PL	电感线圈	2R2	2.2	2.2μH	J	±5%
		100	10	10μH	K	±10%
		101	100	100μH		
		102	1000	1mH	M	±20%
		103	10 000	10mH		

表 1-7　电感器型号四部分命名方法

第 一 部 分		第 二 部 分		第 三 部 分		第 四 部 分
主　　称		特　　征		型　　式		区别代号
符　号	意　义	符　号	意　义	符　号	意　义	
L	电感线圈	G	高频	X	小型	数字或字母组合
ZL	阻流线圈			A	超小型	

3．主要参数

电感器的主要参数一般有标称电感量、允许误差、品质因数、额定电流、分布电容、使用频率等。

电感器的标称电感量也称自感系数，是表示电感器产生自感应的能力的一个物理量，其大小主要取决于线圈匝数、绕制方式、有无磁芯及磁芯的材料等。通常，线圈匝数越多、绕制的线圈越密集，电感量就越大；有磁芯的线圈比无磁芯的线圈电感量大；磁芯磁导率越大的线圈，电感量也越大。

电感器的允许误差是指电感器上标称的电感量与实际电感量之差相对于标称电感量的百分比。常用的允许误差等级为±1%、±5%、±10%和±20%，用于耦合、高频阻流等；也有高精度的电感器，一般用于振荡或滤波等电路中，允许误差为±0.2%、±0.5%。

电感器的品质因数也称 Q 值或优值，是指电感器在某一频率的交流电压下工作时所呈现的感抗与其等效损耗电阻之比。电感器的品质因数越大，其损耗越小，效率越高，选频作用越强，也就是品质越好。电感器的品质因数高低与线圈导线的直流电阻、线圈骨架的介质损耗及铁芯、屏蔽罩等引起的损耗等因素都有关系，一般为 50～300。

电感器的额定电流是指电感器在允许的工作环境下能承受的最大电流值。若工作电流超过额定电流，则电感器就会因发热而使性能参数发生改变，甚至还会因过流而烧毁，而且其热量较高，甚至影响相邻的元器件。

电感器的分布电容是指线圈的匝与匝之间、线圈与磁芯之间、线圈与地之间、线圈与金属之间都存在的电容。分布电容会使等效耗能电阻变大、品质因数变大，电感器的分布电容越小，其稳定性越好。

电感器的使用频率是指电感器能够正常工作的频率数值。如果超过规定的使用频率，会增加电感器的损耗，使其性能下降，频率过低也会使感抗下降，品质因数下降。

电感器的参数标注一般有直标法和色标法。直标法是在电感线圈的外壳上直接用数字和文字标出电感线圈的电感量、允许误差及最大工作电流等主要参数。色标法与电阻器类似，颜色代表的数值也相同，用不同颜色的色带表示电感量，单位为 mH，有四环电感器和五环电感器两种，如图 1-7 所示。

4．外观

电感器的种类繁多，大多数是根据其电感量、使用要求和结构要求等专门设计制作的，如果没有特殊结构要求，只需满足电气参数，则可在固定电感器系列中选用。常见电感器的外观如图 1-8 所示。

5．图形符号

根据 GB/T 4728.4—2008 电气简图用图形符号的规定，在电路图中一般使用图 1-9 所示的符号表示各类电感器。

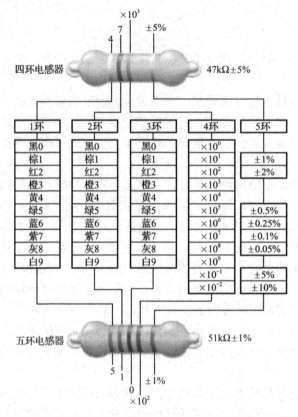

图 1-7　色环电感器的标注方法

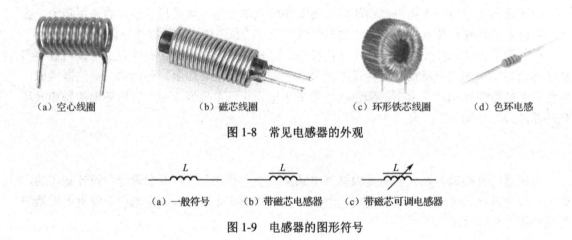

（a）空心线圈　　　　（b）磁芯线圈　　　　（c）环形铁芯线圈　　（d）色环电感

图 1-8　常见电感器的外观

（a）一般符号　　（b）带磁芯电感器　　（c）带磁芯可调电感器

图 1-9　电感器的图形符号

1.4　二极管

1. 定义

晶体二极管是由一个 PN 结构成的单向导电元件，简称二极管。

2．种类

二极管根据构造分类，可以分为点接触型、键型、合金型、扩散型、台面型、平面型、合金扩散型、外延型和肖特基等。

二极管根据用途分类，可以分为稳压、发光、检波、整流、限幅、调制、混频、放大、开关、变容、频率倍增、PIN、雪崩、江崎、快速关断、肖特基、阻尼、瞬变电压抑制和双基极等。

根据国家标准 GB 249—1974 的规定，二极管的型号命名通常由五部分组成，如表 1-8 所示。

表 1-8　二极管的型号命名方法

第 一 部 分		第 二 部 分		第 三 部 分				第四部分	第五部分
符 号	意 义	符 号	意 义	符 号	意 义	符 号	意 义	意 义	意 义
2	二极管	A B C D	N 型，锗材料 P 型，锗材料 N 型，硅材料 P 型，硅材料	P W Z L N K F	普通 稳压管 整流管 整流堆 阻尼管 开关管 发光管	S U T X G D A	隧道管 光电管 晶闸管 低频小功率 高频小功率 低频大功率 高频大功率	用来表示二极管参数的差别	二极管承受反向电压的高低，如 A、B、C 等。其中 A 表示最低，25V；B 稍高，50V；以此类推

3．主要参数

根据二极管的种类不同，它们的主要参数也不同，一般不标注在器件上，需查询手册，根据型号确定各参数数值。

（1）普通二极管

普通二极管的主要参数有最大平均整流电流、最大正向峰值电流、反向电流、正向压降、最高反向工作电压、反向击穿电压和最高工作频率等。

最大平均整流电流是指在规定的电压条件及电阻负载条件下，二极管长期允许通过的最大正向平均电流。

最大正向峰值电流是二极管瞬间允许通过的单次脉冲电流的最大值，一般是最大平均整流电流的十几倍。

反向电流是二极管两端加反向电压但未击穿时流过的反向漏电流，温度升高会导致该漏电流增大。

正向压降是在规定的正向电流条件下，二极管两端的正向电压降，硅整流二极管一般为 0.6～0.8V，锗整流二极管一般为 0.2～0.3V。

最高反向工作电压是二极管长期允许加在两端的最大反向电压，一般为反向击穿电压的 1/2～2/3。

最高工作频率则规定了二极管正向工作时的上限频率。

（2）稳压二极管

稳压二极管的主要参数有稳定电压、稳定电流、最大稳定电流、动态电阻、电压温度系数、最大耗散功率等。

稳定电压是指稳压二极管在稳压范围内两端的工作电压，稳定电流则是此时的工作电流。

最大稳定电流是指在稳压范围内稳压二极管所能通过的最大稳定电流数值，超过此值会造成稳压二极管损坏。

动态电阻是指稳压范围内稳压二极管端电压变化量和相应的电流变化量的比值。

电压温度系数是指稳定电流不变时环境温度变化1℃所引起的稳定电压数值变化。

最大耗散功率近似为稳定电压与最大稳定电流的乘积，是指稳压二极管正常工作时能够耗散的最大功率。

（3）发光二极管

发光二极管的主要参数有允许功耗、最大正向直流电流、最大反向电压、正向工作电流、正向工作电压和工作环境等。

允许功耗是允许加在发光二极管两端的正向直流电压与流过它的电流之积的最大值，超过此值，发光二极管会发热、损坏。

最大正向直流电流是允许加在发光二极管两端的最大正向直流电流。

最大反向电压是允许加在发光二极管两端的最大反向电压，超过此值，发光二极管会被击穿损坏。

正向工作电流是指发光二极管正常发光时的正向电流值。

正向工作电压是在给定的正向电流下得到的，一般是在正向工作电流为20mA时测得的。

工作环境是指发光二极管能够正常工作的温度范围，低于或高于此温度范围发光二极管都不能正常工作。并且，在外界温度升高时，正向工作电压将下降。

4．外观

常见的二极管外观如图1-10所示。

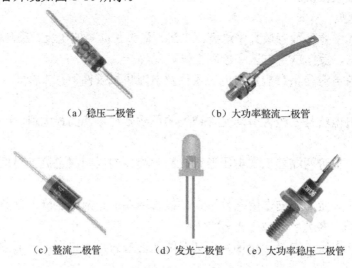

（a）稳压二极管　　　　（b）大功率整流二极管

（c）整流二极管　　　（d）发光二极管　　（e）大功率稳压二极管

图1-10　常见二极管的外观

5．图形符号

根据 GB/T 4728.4—2008 电气简图用图形符号的规定，在电路图中一般使用图 1-11 所示的符号表示二极管、稳压二极管和发光二极管。

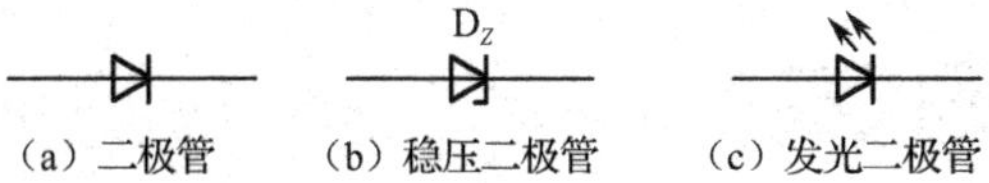

（a）二极管　　（b）稳压二极管　　（c）发光二极管

图 1-11　常见二极管的图形符号

第2章　常用电气测量仪表和仪器

2.1　电气测量指示仪表

2.1.1　概述

1. 电气测量仪表的分类

电气测量仪表一般分为度量器、较量仪器和电气测量指示仪表，在本课程相关的实验中多使用电气测量指示仪表。

（1）度量器

度量器是测量单位的实物复制体，是复制和保存测量单位用的。根据度量器在量值传递上的作用和准确度的高低，一般分为基准器、标准器和工作度量器三类。

基准器是现行最高准确度的度量器，是用现代科学技术所能达到的最高准确度来复制和保存测量单位的度量器，它们一般存放在专门的计量部门。主要的基准器有电压基准器、电阻基准器及计算电容基准器。

标准器的准确度低于基准器，供计量部门对工作度量器进行检定和标定使用。

工作度量器是专供日常测量使用的度量器。按照工作度量器的准确度（或年稳定度）分为若干等级，其级别通常标注在标牌上。在实验工作中，我们使用的标准电池、标准电阻、标准电容、标准电感和标准互感等标准电子元器件均属于工作度量器。

为了保证测量结果的准确度，通常对以上三类度量器都有下列共同要求：

① 准确度高，即实际值与标明的额定值尽量接近；

② 稳定性好，即实际值随时间变化波动很小；

③ 可靠性高，即受外界环境因素（如温度、湿度等）的影响很小。

（2）较量仪器

较量仪器是将被测量与度量器进行比较后才能确定被测量大小的一种仪器，如果不与度量器配合使用，就无法达到测量目的。例如，用直流电桥测量电阻就必须要有电阻的度量器（标准电阻）配合才能完成。常用的较量仪器有直流电桥、交流电桥、直流电位差计等。

（3）电气测量指示仪表

电气测量指示仪表是指在测量过程中能直接指示被测量大小的仪表，也称为模拟式电表或机电式指示电表，简称电工仪表。在制造这类仪表时需要与度量器作比较进行分度，在测量过程中就不再需要度量器直接参与测量工作了。常用的电气测量指示仪表有电流表、电压表、功率表等。电气测量指示仪表不仅能直接测量电磁量，还可以与各种传感器相配合测量非电量，如温度、压力、流量等。由于此类仪表具有结构简单、稳定可靠、成本低、使用和维修方便等一系列优点，在企业、学校和科研部门等被大量使用，是生产和实验过程中常见的一种基本测量仪表。

2．电气测量指示仪表的分类

电气测量指示仪表种类繁多，分类方法也很多，常见的七种分类方法如下。

（1）按仪表的工作原理分类

一般分为磁电系仪表、电磁系仪表、电动系仪表、感应系仪表、静电系仪表、整流系仪表等。

（2）按被测量的名称或单位分类

按被测量的名称一般分为电流表、电压表、功率表、电度表、相位表、频率表、兆欧表等，也有能够测量多种电量的仪表，如万用表等。

按被测量的单位一般分为安培表、毫安表、微安表、伏特表、毫伏表、瓦特表、功率因数表等。

（3）按仪表的工作电流种类分类

一般分为直流表、交流表、交直流两用表等。

（4）按使用方式分类

一般分为安装式仪表与便携式仪表。安装式仪表也称为开关板式仪表，通常固定安装在开关板或某一装置上使用，准确度相对较低，也就是误差较大，价格通常也较低，适用于一般的工业生产过程中的测量。便携式仪表准确度相对较高，价格较贵，通常适用于实验室的科学实验中。近年来，随着技术水平的提高，工业生产过程现场也开始大量使用便携式仪表。

（5）按仪表的准确度分类

按照我国的国家标准，一般分为0.1、0.2、0.5、1.0、1.5、2.5、5.0七个等级。

（6）按仪表对电磁场的防御能力分类

一般分为Ⅰ、Ⅱ、Ⅲ、Ⅳ四个等级。

（7）按仪表的使用条件分类

一般分为A、A_1、B、B_1四组。

3．电气测量指示仪表工作原理

（1）仪表的组成

电气测量指示仪表的种类很多，但是它们的主要作用都是将被测电量变换成仪表活动部分的偏转角位移。为了将被测量变换成指针的角位移，电气测量指示仪表通常由测量机构和测量线路两部分组成。其方框图如图2-1所示。

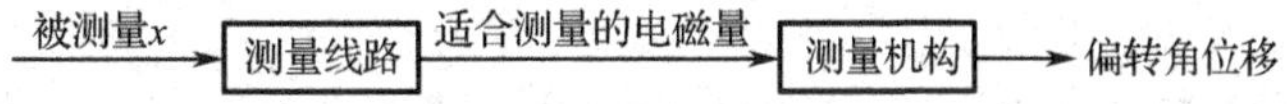

被测量x → 测量线路 → 适合测量的电磁量 → 测量机构 → 偏转角位移

图2-1　电气测量指示仪表的组成方框图

测量线路的作用是将被测量 x（如电压、电流、功率等）变换成为测量机构可以直接测量的电磁量。例如电压表的附加电阻、电流表的分流器等都属于测量线路。

测量机构是仪表的核心部分，仪表的偏转角位移就是靠这部分实现的。

（2）仪表测量机构的结构及组成原理

仪表的测量机构可分为活动部分及固定部分。用来测量被测量数值的指针或光标指示器

就装在活动部分上。

测量机构的主要作用是产生下述各种力矩。

① 转动力矩。

要使仪表的指针转动，在测量机构内必须有转动力矩作用在仪表的活动部分上。转动力矩一般是由电磁场和电流（或铁磁材料）的相互作用产生的（静电系仪表则由电场力产生）。而磁场的建立可以利用永久磁铁，也可以利用通有电流的线圈。

常用的几种电气测量指示仪表的转动力矩产生方式如下。

a. 磁电系仪表中，固定的永久磁铁的磁场与通有直流电流的可动线圈之间的相互作用产生转动力矩。

b. 电磁系仪表中，通有电流的固定线圈的磁场与铁片的相互作用（或处在磁场中的两个铁片的相互作用）产生转动力矩。

c. 电动系仪表中，通有电流的固定线圈的磁场与通有电流的可动线圈的相互作用产生转动力矩。

d. 感应系仪表中，通有交流电的固定线圈的磁场与可动铝盘中所感应的电流的相互作用产生转动力矩。

转动力矩 M 的大小通常是被测量 x 与偏转位移 α 的函数，即 $M = F_1(x, \alpha)$。

② 反作用力矩。

如果一个仪表仅有转动力矩作用在活动部分上，则不管被测量为何值，活动部分都会偏转到满刻度位置，直到不能再转动为止，因而无法分辨出被测量的大小。因此，在指示仪表的活动部分上必须施加"反作用力矩"。反作用力矩 M_α 的方向与转动力矩 M 的方向相反，而大小是仪表活动部分偏转角位移 α 的函数，即 $M_\alpha = F_2(\alpha)$。测量时，转动力矩作用于仪表的活动部分上，使它发生偏转，同时反作用力矩也作用在活动部分上，且随着偏转角度的增大而增大。但转动力矩与反作用力矩相互平衡时，指针就停止下来，指示出被测量的数值，这时 $M = M_\alpha$。

在电气测量指示仪表中产生反作用力矩的方法有以下两种。

a. 利用机械力。

利用"游丝"在变形后具有的恢复原状的弹力产生反作用力矩，这种方法在仪表中用得很多。此外，可以利用悬丝或张丝的扭力产生反作用力矩。仪表的活动部分在使用悬丝或张丝支撑后，可以不再需要转轴和轴承，消除了其中的摩擦影响，使仪表测量机构的性能得到很大的改善，目前这种方法得到了广泛的应用。

b. 利用电磁力。

和利用电磁力产生转动力矩的方法一样，也可以利用电磁力产生反作用力矩，这就构成了"比率表"（或称流比计）一类仪表，如磁电系比率表构成了兆欧表、电动系比率表构成了相位表及频率表等。此外，可以利用磁场中导体的涡流作用产生反作用力矩（如感应系仪表）。

③ 阻尼力矩。

从理论上讲，在指示仪表中，当转动力矩和反作用力矩平衡时，仪表指针应静止在某一平衡位置。但是，由于仪表活动部分具有惯性，它不能立刻静止下来，而是在这个平衡位置左右摆动，这种情况将造成读数的困难。为了缩短这个摆动时间，必须使仪表的活动部分在运动过程中受到一个与运动方向相反的力矩的作用，以便更快地静止下来，这种力矩通常称为阻尼力矩。阻尼力矩只在运动过程中产生，当活动部分静止时自动消失。因此它不影响测量的结果。产生阻尼力矩的装置称为阻尼器。

电气测量指示仪表常用的阻尼器有下列三种。

a．空气阻尼器。空气阻尼器是利用仪表活动部分在运动过程中带动阻尼箱内的阻尼叶片运动时所受到的空气阻力作用来产生阻尼力矩的。

b．磁感应阻尼器。磁感应阻尼器是利用仪表的活动部分在运动过程中带动金属阻尼叶片切割永久磁铁的磁力线而产生阻尼力矩的。

c．油阻尼。油阻尼是利用一定浓度的中性矿物油（如硅油）对仪表活动部分的运动产生阻尼作用，在检流计中就有采用油阻尼的。

总的来说，转动力矩和反作用力矩是仪表内部的一对主要力矩，两者的相互作用决定了仪表的稳定偏转位置。由于产生转动力矩的方法和机械各有不同，从而构成了各种不同类型的仪表。

4．技术特性

要保证测量结果的准确、可靠，就必须对测量仪表提出一定的质量要求。为了衡量电气测量指示仪表的质量，我国制定了国家标准 GB 776—1976《电气测量指示仪表通用技术条例》，对仪表质量提出了全面的要求。对于一般电气测量指示仪表来说，主要有下列几个方面的要求。

（1）有足够的准确度

仪表的基本误差与该仪表所标明的准确度等级相符，也就是说，当仪表的准确度等级已知时，在仪表标度尺"工作部分"的所有分度上，仪表的基本误差都不应超过表2-1所示的规定。

表 2-1 仪表的准确度等级和对应的基本误差

准确度等级	0.1	0.2	0.5	1.0	1.5	2.5	5.0
基本误差	±0.1	±0.2	±0.5	±1.0	±1.5	±2.5	±5.0

（2）变差小

在外界条件不变的情况下，进行重复测量时，对应于仪表同一个示值的被测量值与实际值之间的差值称为"示值的变差"，用符号 Δ_b 表示。对于指示仪表，当被测量由零值向上限方向平稳增加与由上限向零值方向平稳减小时，对应于同一个分度线的两次读数的被测量实际值之差称为"示值的升降变差"，简称"变差"，即 $\Delta_b = |A_0'' - A_0'|$。其中，$A_0''$ 为平稳增加时测得的实际值，A_0' 为平稳减小时测得的实际值。

对一般电气测量指示仪表，升降变差不应超过基本误差的绝对值。

（3）受外界因素影响小

当外界因素如温度、外磁场等影响量变化超过仪表规定的条件时，所引起的仪表示值的变化越小越好。

（4）仪表本身所消耗的功率小

在测量过程中，仪表本身必然要消耗一部分功率。当被测电路功率很小时，若仪表所消耗的功率太大，将使电路工作情况改变，从而引起误差。

（5）要具有适合被测量的灵敏度

高灵敏度的要求，对于各项精密电磁测量工作是非常重要的，它反映仪表能够测量的最

小被测量。

（6）要有良好的读数装置

在测量工作中，一般要求标度尺分度均匀，便于读数。对于不均匀的标度尺，应标有黑圆点，表示从该黑圆点起才是该标度尺的"工作部分"。按规定，标度尺工作部分的长度不应小于标度尺全长的85%。

（7）有足够高的绝缘电阻、耐压能力和过载能力

为了保证使用上的安全，仪表应有足够高的绝缘电阻和耐压能力。

5．使用方法

（1）电气测量指示仪表的表面标记

在每一个电气测量指示仪表的表面都设有多种符号的表面标记，它们显示了仪表的基本技术特性。这些符号表示了该仪表的型式、型号、被测量的单位、准确度等级、正常工作位置，防御外磁场的等级、绝缘强度等。

常见的电气测量指示仪表表面标记的符号见表 2-2（引自国家标准 GB 776—1976《电气测量指示仪表通用技术条例》）。

表 2-2　电气测量指示仪表表面标记的符号

名　　称	符　　号	名　　称	符　　号
磁电系仪表		标度尺位置为垂直的	
磁电系比率表		标度尺位置为水平的	
电磁系仪表		Ⅰ级防外磁场（如磁电系）	
电磁系比率表		Ⅰ级防外电场（如静电系）	
电动系仪表		Ⅱ级防外磁场及电场	
电动系比率表		Ⅲ级防外磁场及电场	
整流系仪表		直流	—
热电系仪表		交流（单相）	
绝缘强度试验电压为2kV		直流和交流	
以标度尺量限百分数表示的准确度等级，如1.5级	1.5	具有单元件的三相平衡负载交流	
以标度尺长度百分数表示的准确度等级，如1.5级	1.5	以指示值的百分数表示的准确度等级，如1.5级	1.5

根据表 2-2 可知图 2-2 所示仪表为 T19-A 型安培表，交直流两用，电磁系测量机构，准确度等级为 0.5，防御外磁场的能力是 Ⅱ级，绝缘强度试验电压是 2kV，使用时要水平放置。

（2）电气测量指示仪表的正确使用

使用电气测量指示仪表时，必须使仪表有正常的工作条件，否则会引起一定的附加误差。例如，使用仪表时，应使仪表按规定的位置放置；仪表要远离外磁场；使用前应使仪表的指

针指到零位，如果仪表指针不在零位，则可调节调零器使指针指到零位。此外，在进行测量时，必须注意正确读数，也就是说，在读取仪表的指示值时，应该使观察的视线与仪表标尺的平面垂直。如果仪表标尺表面带有镜子，在读数时就应该使指针盖住镜子中的指针影子，这样就可大大减小和消除读数误差，从而提高读数的准确性。

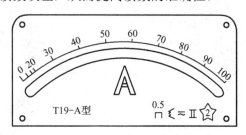

图 2-2　T19-A 型安培表

读数时，如果指针所指示的位置在两条分度线之间，则可估计一位数字。例如，某电压表最小分度为 1V，指针指在 32V 与 33V 之间的三分之一处，可以大致估计读作 32.3V。若因追求读出更多的位数而超出仪表准确度的范围，多读的位数便成为没有意义的了。反之，如果记录位数太少，以致低于测量仪表所能达到的准确度，也是不对的。

2.1.2　磁电系仪表

在电气测量指示仪表中，磁电系仪表获得了广泛的应用。几乎所有直流测量仪表都采用磁电系测量机构，如直流电流表、直流电压表、直流检流计及万用表的表头等。与其他仪表比较，这种仪表的测量机构具有很高的灵敏度，目前国产检流计可以测出 10^{-10} 安培的电流，磁电系光标指示仪表的量限可达到 1μA。

磁电系仪表是利用永久磁铁的磁场和载流线圈相互作用制成的，在结构上具有固定的永久磁铁和在磁场中活动的线圈。因为永久磁铁的磁场很强，流过活动线圈很小的电流就可以产生足够的转动力矩使线圈偏转，所以灵敏度很高。本节主要介绍磁电系仪表的结构、工作原理、技术特性和应用。

1. 结构

磁电系仪表的结构如图 2-3 所示，它主要由永久磁芯、极掌、铁芯、活动线圈、游丝、指针及标尺等组成。铁芯是圆柱形的，它可使极掌与圆柱形铁芯之间的气隙间产生一均匀磁场。活动线圈（见图 2-4）用细绝缘导线绕在铝框上，其两边各连接一个半轴及其轴尖，轴尖支持在宝石轴承里，可以自由转动。指针被固定在半轴上，它和标尺共同用来指示活动线圈的相对位置。

活动线圈上的两个游丝是用来产生反作用力矩的。每个游丝的一端都被固定在转轴上，另一端被固定在仪表内部的支架上，当仪表的活动线圈受到转动力矩的作用而转动时，游丝也随转轴而扭转变形，由于它是弹性元件，有力图恢复原状的特性，因此产生了反作用力矩，上下两个游丝的螺旋方向是相反的，其目的在于抵消温度的影响，这两个游丝还是把电流引入活动线圈的引线。

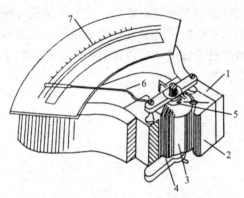

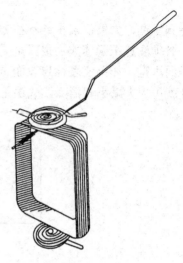

注：1—永久磁芯；2—极掌；3—铁芯；4—活动线圈；

5—游丝；6—指针；7—标尺。

图 2-3　磁电式仪表的结构　　　　　　　　　图 2-4　活动线圈

铝框用来产生阻尼力矩。铝框产生阻尼力矩的作用原理如下。

如图 2-5 所示，当线圈在磁场中运动时，闭合的铝框架切割磁力线产生感应电动势，从而在铝框中产生感应电流 i_e，该电流与气隙中的磁场又互相作用，产生一个力矩 M，这一力矩的方向总是与动圈转动的方向相反，从而阻止动圈来回摆动，促使动圈很快地静止下来。

必须指出：上述阻尼力矩只有在动圈转动时才产生，动圈静止下来以后，它也就不存在了，所以它对测量结果并无影响。

大多数仪表都普遍采用 V 形宝石轴承，如图 2-6 所示。为减少摩擦，轴尖和轴承的接触面积很小，所以产生的压力很大，相当于 $10kg/mm^2$。如果仪表受到外来振动，产生的压力可使轴尖损坏。采用弹簧宝石轴承对仪表起特殊的保护作用，这种轴承如图 2-7 所示。轴承由弹簧定位在正常位置，当机构受冲击引起振动时，它可在轴向自由移动，因而使轴尖得到保护。

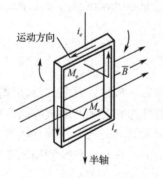

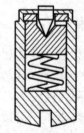

图 2-5　铝框的阻尼作用　　　图 2-6　轴承　　　图 2-7　弹簧轴承

在磁电系光标仪表中，可动部分采用张丝支承，消除了轴尖和轴承间的摩擦。张丝的反作用力矩小，同时采用光标指示，使仪表的灵敏度进一步提高。光标指示仪表的测量机构和光学系统如图 2-8 所示。

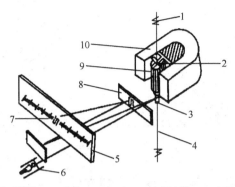

注：1—张丝弹簧片；2—动圈；3—小反射镜；4—张丝；5—标尺；6—光源光栅；7—光影；8—反光镜；9—铁芯；10—磁铁。

图 2-8 光标指示仪表的测量机构和光学系统

近年来，由于永久磁铁磁性能的提高，出现了"内磁式"的磁电系仪表，其结构如图2-9所示。图2-9（a）为磁系统，中心为永久磁铁，磁轭部分用软铁做成一个闭合的圆环；图2-9（b）为内磁式仪表的结构图；图2-9（c）为磁系统的剖面图。

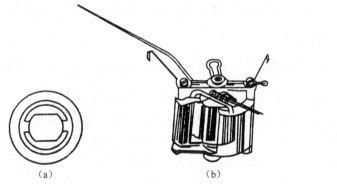

（a）   （b）   （c）

图 2-9 内磁式仪表结构

内磁式仪表具有良好的磁屏蔽性能，由于外面的环形软铁形成了一个完整的磁路，对外磁场起屏蔽作用，因此，不需要另加磁屏蔽就具有良好的磁屏蔽性能，可以允许几个测量机构装在同一个外壳里，因而大大地减少了仪表的重量，这对于航空与宇宙航行是非常有利的。所以，内磁式仪表在航空与宇宙航行方面获得了广泛应用。

2．工作原理

设活动线圈中通过电流 I（见图2-10），则活动线圈将受电磁力的作用而产生转矩：

$$M = 2fr = 2BLWIr = BWAI$$

式中：B——气隙中磁感应强度；

　　　W——活动线圈的匝数；

　　　$A = 2Lr$——活动线圈的面积，L 为活动线圈的有效长度，r 为平均半径；

　　　I——通过活动线圈的电流；

　　　f——力。

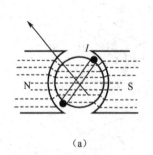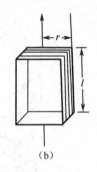

(a)   (b)

图 2-10 磁电系测量机构示意图

转矩 M 迫使线圈转动。线圈转动时带动游丝，游丝产生反抗力矩，阻止线圈运动。游丝的反抗力矩 $M_{反}$ 与转角 α 成正比，即 $M_{反}=D\alpha$（D 为反抗力矩系数）。当线圈上的作用力矩与反抗力矩 $M_{反}$ 相等时，线圈停止转动，指针指在标尺的某一位置上。线圈或指针的偏转角为

$$\alpha = \frac{BWA}{D}I = S_I I$$

式中，$S_I = \frac{BWA}{D}$ 表示磁电系测量机构的灵敏度，对结构一定的仪表而言，灵敏度是一个常数，因为 B，D，W 和 A 等参数是固定值。

由 $\alpha = \frac{BWA}{D}I = S_I I$ 可知，线圈偏转角 α 与通过线圈的电流 I 成正比，所以磁电系仪表的刻度是均匀的。同时，由于永久磁铁的磁场很强，这种仪表的灵敏度很高。

当 I 换个方向流入线圈时，指针就要反转，为避免指针反转，仪表的端钮上标有（+）、（-）极性，当电流从（+）端钮流入、从（-）端钮流出时，指针正转，否则就要反转。使用磁电系仪表时应注意极性。因此，这种测量机构只能适用于测量直流。

3．技术特性

由磁电系仪表的结构和原理可知，磁电系仪表有下列特性。

① 灵敏度高。因永久磁铁的磁场很强，动圈电流很小就可以产生足够大的转动力矩，同时反抗力矩由很细的游丝、悬丝或拉丝产生，故其灵敏度很高。

② 准确度高，可达 0.1 级。

③ 外磁场影响小。采用内磁式结构，具有良好的磁屏蔽效果。

④ 仪表内部消耗的功率小。磁电系电压表的内阻比其他系（如电磁系、电动系）仪表的内阻都高，测量时对被测电路的影响小。

⑤ 刻度均匀。

⑥ 过载能力低。

⑦ 一般只适用于测量直流。

⑧ 结构较复杂，成本较高。

4．电流表和电压表

（1）电流表

磁电系测量机构活动线圈的导线很细，它只允许通过很小的电流。同时引入测量机构的电流必须流过游丝，因此电流也不能过大，否则会使游丝因过热而变质。所以，用磁电系测量机构直接测量电流的范围一般在几十微安到几十毫安之间，如果被测电流过大，就必须设法扩大量限。

扩大量限的方法是在测量机构上并联一个分流电阻 R_p（如图 2-11 所示），使被测电流的一部分流过 R_p，以保持流过测量机构的电流 I_m 不变，这样一来，由分流电阻 R_p 和测量机构组成的电流表就可以用来测量较大的电流了。

在图 2-11 中：

R_m——测量机构动圈的内阻；

R_p——分流电阻；

I_m——测量机构的满偏转电流；

I_p——分流电流；

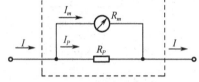

图 2-11 直流电流表

I——包括分流电阻在内的电流表的满偏转电流，即电流表的量限。

因为分流电阻与测量机构并联，它们两端的电压相等，即

$$I_P R_P = I_m R_m$$

或

$$R_P = \frac{I_m R_m}{I_P}$$

因为

$$I_P = I - I_m$$

所以

$$R_P = \frac{I_m R_m}{I - I_m}$$

当电流表的量限 I 给定时，就可以根据上式计算出所需并联的分流电阻 R_p 的数值。

【例 1】 有一磁电系测量机构的满偏转电流为 1mA，内阻为 100Ω，要求改装成 0～100mA 的电流表。试计算需要并联多大的分流电阻。

解：因为

$$I_P = I - I_m = 100 - 1 = 99（mA）$$

所以

$$R_P = \frac{I_m R_m}{I_P} = \frac{1mA \times 100Ω}{99mA} = 1.01Ω$$

同一个测量机构（I_m 一定），要改装成的电流表的量限 I 越大，则并联的分流电阻越小。分流电阻用锰铜或康铜电阻丝做成，装在仪表的外壳内。当被测电流 I 很大时（如在 50A 以上），由于分流电阻发热很严重，将影响测量机构的正常工作，而且它的体积也很大，所以将分流电阻做成单独的装置，称为外附分流器。外附分流器的接法如图 2-12 所示。它有两对接线端钮，粗的一对叫电流接头，串联于被测大电流的电路中；细的一对叫电位接头，与磁电系测量机构并联。

在一个仪表中采用阻值不同的分流电阻，就可制成多量限电流表。

如图 2-13 所示，公共端为负端，选择不同的正端就对应了不同的测量量限。各个量限的分流电阻不同，当量限分别为 I_1，I_2，$\cdots$，I_n（n 为正整数）时，其对应的附加分流电阻是 R_{P_1}，

R_{P_2}, …, R_{P_n}。$R_{P_1} = R_1$，$R_{P_2} = R_1 + R_2$，…，$R_{P_n} = R_1 + R_2 + \cdots + R_n$。对任一量限 I_k，其分流电阻为 R_{P_k}（k 为 1，2，…，n）。

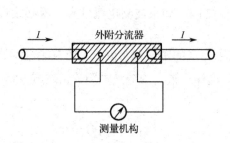

图 2-12 外附分流器的接法

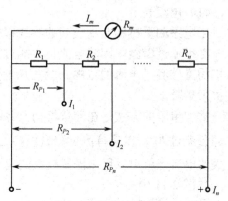

图 2-13 多量限直流电流表

总的分流电阻为

$$R_{P_n} = \frac{I_m R_m}{I_n - I_m}$$

对于最小量限 I_n 有

$$I_m = \frac{R_{P_n}}{R_m + R_{P_n}} \cdot I_n$$

对于任一量限 I_k 有

$$I_m = \frac{R_{P_k}}{R_m + R_{P_n}} \cdot I_k$$

则

$$\frac{R_{P_n}}{R_m + R_{P_n}} \cdot I_n = \frac{R_{P_k}}{R_m + R_{P_n}} \cdot I_k$$

整理后得到

$$R_{P_k} = \frac{I_n}{I_k} \cdot R_{P_n}$$

由此可以计算所有附加分流电阻的阻值为

$$R_1 = R_{P_1}$$
$$R_2 = R_{P_2} - R_{P_1}$$
$$\vdots$$
$$R_n = R_{P_n} - R_{P_{(n-1)}}$$

（2）电压表

测量电压时，电压表与被测电路两端并联。如果直接用磁电系测量机构来测量电压，其最大量限等于 $I_m R_m$。因为测量机构的满偏转电流 I_m 很小，所以只能测量很低的电压。

为了能测量较高的电压，又不使测量机构里的电流超过其满刻度偏转电流，必须在测量机构上串联一个电阻 R_e，如图 2-14 所示。R_e 通常称为附加电阻或倍率器。

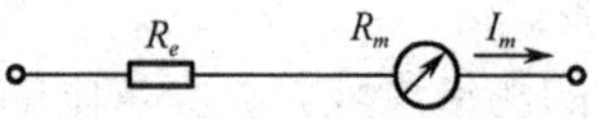

附加电阻按如下方法计算。

因为 $\qquad\qquad\qquad U = I_m(R_e + R_m)$

图 2-14 直流电压表

所以
$$R_e = \frac{U - I_m R_m}{I_m} = \frac{U}{I_m} - R_m = \frac{1}{I_m}U - R_m$$

上式说明,电压表的量限越高附加电阻越大。如果量限不超过 500V,附加电阻可装在仪表内部;如果量限过高,附加电阻的体积很大,而且它产生的热量会严重影响仪表的正常工作,此时附加电阻应装在仪表外部。

在一个仪表中,装有不同的附加电阻,就可以制成多量限电压表,多量限电压表的实际电路如图 2-15 所示,公共端为负端,选择不同的正端,串联的附加电阻就不同,因此对应了不同的测量量限。

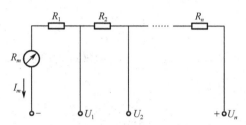

图 2-15 多量限直流电压表

图 2-15 中,量限分别为 U_1,U_2,$\cdots$,U_n(n 为正整数)时,其对应的附加分压电阻是 R_{e_1},R_{e_2},$\cdots$,R_{e_n}。$R_{e_1} = R_1$,$R_{e_2} = R_1 + R_2$,$\cdots$,$R_{e_n} = R_1 + R_2 + \cdots + R_n$。对任一量限 U_k,其分压电阻为 R_{e_k}(k 为 1,2,$\cdots$,n):
$$R_{e_k} = \frac{U_k}{I_m}$$

由此可以计算所有附加分压电阻的阻值为
$$R_1 = R_{e_1} - R_m$$
$$R_2 = R_{e_2} - R_{e_1}$$
$$\vdots$$
$$R_n = R_{e_n} - R_{e_{n-1}}$$

由上述分析过程可知电压表的内阻 R_e 与量限有关,量限越高内阻越大;各量限的内阻与相应电压量限比值为一常数,即
$$\frac{1}{I_m} = \frac{R_{e_1}}{U_1} = \frac{R_{e_2}}{U_2} = \cdots = \frac{R_{e_n}}{U_n}$$

$\frac{1}{I_m}$ 的单位为 Ω/V,它是表示电压表内阻大小的一个重要参数,通常称它为电压表的灵敏度,即电压表满偏转时在电压表电路中产生 1 伏压降所需电阻的数值。

因为测量机构是磁电系表头,满偏转电流 I_m 很小,所以电压表的灵敏度很高。若 $I_m = 100\mu A$,则电压表灵敏度 $\frac{1}{I_m} = 10\ 000\Omega/V$。电压表灵敏度通常有 $1k\Omega/V$,$2k\Omega/V$,$4k\Omega/V$,$10k\Omega/V$ 和 $20k\Omega/V$ 等。电压表的灵敏度越高,内阻越大,测量时对被测电路的影响越小。

电压表的灵敏度是设计电压表的重要依据。如果电压表的灵敏度已经给定,则它需要的

测量机构的满偏转电流也是一定的，电压表的内阻=电压表的灵敏度×电压表的量限。

下面举例说明多量限电压表附加分压电阻的计算方法。

【例2】有一测量机构的满偏转电流为1mA，内阻$R_m=100\Omega$。用它构成如图2-15所示的多量限直流电压表：$U_1=10V$，$U_2=50V$，$U_3=250V$，$U_4=500V$。求各个附加电阻R_1，R_2，R_3和R_4之值。

解：已知$I_m=1mA$，$R_m=100\Omega$。

设电压表各量限的内阻为R_e，则：

（1）量限10V时（开关位于U_1）有

$$R_{e_1}=\frac{U_1}{I_m}=\frac{10V}{1mA}=10k\Omega$$

$$R_1=R_{e_1}-R_m=10k\Omega-100\Omega=9900\Omega$$

（2）量限50V时（开关位于U_2）有

$$R_{e_2}=\frac{50V}{1mA}=50k\Omega$$

$$R_2=R_{e_2}-(R_1+R_m)=50k\Omega-10k\Omega=40k\Omega$$

（3）量限250V时（开关位于U_3）有

$$R_{e_3}=\frac{250V}{1mA}=250k\Omega$$

$$R_3=R_{e_3}-(R_1+R_2+R_m)=250k\Omega-50k\Omega=200k\Omega$$

（4）量限500V时（开关位于U_4）有

$$R_{e_4}=\frac{500V}{1mA}=500k\Omega$$

$$R_4=R_{e_4}-(R_1+R_2+R_3+R_m)=500k\Omega-250k\Omega=250k\Omega$$

2.1.3 万用表

万用表又称繁用表或多用表。一般的万用表可以用来测量直流电流、直流电压、交流电压、电阻和音频电平等，有的万用表还可以用来测量交流电流、电容、电感及晶体管的某些参数。由于万用表能测量多种电量和电参量，测量量程多，且便于携带，使用也很方便，因此万用表是电气工程人员在测试及维修工作中最常使用的仪表之一。

万用表除了通常使用最多的模拟式万用表以外，还有晶体管万用表及数字万用表。晶体管万用表有着更高的灵敏度。而数字万用表的功能更多，除了用来测量电流、电压、电阻外，还能用来测量频率、周期、时间间隔、晶体管参数和温度等。目前已出现了带微处理器的智能数字万用表，它们具有程控操作、自动校准、自检故障、数据变换及处理等一系列功能。这类万用表在国内外都得到了越来越广泛的应用，但考虑到模拟万用表目前还在广泛使用，因此这里将对它的结构、原理、技术特性及正确使用进行介绍。

1. 结构

万用表主要由表头、测量线路和转换开关组成。表头用以指示被测量的数值；测量线路用来把各种被测量转换到适合表头测量的直流的微小电流；转换开关实现对不同测量线路的选择，以适应各种测量要求。

（1）表头

通常采用磁电系测量机构做万用表的表头，它的满刻度偏转电流一般为几微安到几百微安。表头的全偏转电流越小，其灵敏度也越高，这样表头的特性就越好。国产 MF 型系列的万用表的表头的灵敏度均在 $10\sim100\mu A$ 之间。

在表头的表盘上有对应各种测量所需要的多条标度尺。

（2）测量线路

一般万用表的测量线路实质上就是多量限直流电流表、多量限直流电压表、多量限整流式交流电压表及多倍率欧姆表等几种线路组合而成的。

测量线路中的元件绝大部分是各种类型和各种数值的电阻元件，如线绕电阻器、碳膜电阻器、电位器等，此外在测量交流电压的线路中还有整流元件。

（3）转换开关

万用表中各种测量种类及量限的选择是靠转换开关来实现的。转换开关里面有固定接触点和活动接触点，当固定接触点与活动接触点闭合时可以接通电路。

活动接触点通常称为"刀"，固定接触点通常称为"掷"。万用表中所用的转换开关往往都是特别的，通常有多刀和几十个掷，各刀之间是相互同步联动的，旋转"刀"的位置可以使得某些活动接触点与固定接触点闭合，从而相应地接通所要求的测量线路。

2．工作原理

（1）万用表的表头及表头参数

① 测量机构

模拟万用表是由表头、测量线路及转换开关三部分组成的。

万用表的表头采用磁电系测量机构，它是利用永久磁铁的磁场和载流线圈相互作用的原理制成的。因为永久磁铁的磁场很强，线圈流过很小的电流就可以产生足够的转动力矩使指针偏转，所以它的灵敏度较高。

因为永久磁铁的磁场方向是固定的，如果流入载流线圈的电流反向，指针就会反偏，因此，磁电系测量机构只能测量直流。

对于磁电系测量机构，其指针的转角 $\alpha = S_I I$ ，式中 S_I 取决于测量机构中磁感应强度、载流线圈的匝数、线圈框架的尺寸及游丝的材料和尺寸。对于一个测量机构而言， S_I 是一个常数，因此指针的转角与电流成正比，即 $\alpha \propto I$ 。

② 表头参数

表头参数是设计万用表测量线路的重要依据，表头参数包括表头灵敏度和表头内阻。

a．表头灵敏度（ I_m ）。表头灵敏度是指表头全偏转时的电流值。全偏转电流越小，灵敏度越高。我国生产的 MF 型系列万用表的表头灵敏度在 $10\sim100\mu A$ 之间。

b．表头内阻（ R_m ）。表头内阻是指表头中线圈的电阻值。

（2）测量直流电流的电路

万用表测量直流电流的电路是一个多量限直流电流表。如前所述，万用表表头的灵敏度在 $10\sim100\mu A$ 之间，即表头本身只能测量很小的电流。因此，在万用表中必须在表头两端并联几个分流电阻以满足测量的需要。

由多量限直流电流表的相关知识可知，给定表头参数和设计量限就可以计算出各量限附加分流电阻的大小。

（3）测量直流电压的电路

万用表中测量直流电压的电路是一个多量限直流电压表。如果用万用表的表头直接测量直流电压，其量限为 $I_m R_m$。因为表头的 I_m 和 R_m 很小，所以能够直接测量的电压量限也很小。扩大电压量限的方法是串联附加电阻，串联多个附加电阻即可制成多量限电压表。

由多量限直流电压表的相关知识可知，给定表头参数和设计量限就可以计算出各量限附加分压电阻的大小。

（4）测量交流电压的电路

万用表中测量交流电压的电路是一个多量限交流电压表。万用表的表头只能测量直流量，测量交流电压需要对被测的交流信号整流。

万用表的整流方式有半波整流和全波整流两种，这里只介绍半波整流电路。

① 半波整流。

图 2-16 中 D_1 和 D_2 是晶体二极管，它们具有单向导电的特性。D_1 在交流信号的正半周导通，电流流经表头产生转动力矩；在交流信号的负半周 D_1 截止，表头中没有电流流过。图 2-17 中分别画出了被测信号及其整流后的波形，上面为整流前的电流波形，下面为整流后的电流波形。

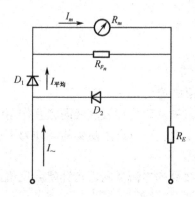

图 2-16 半波整流电路

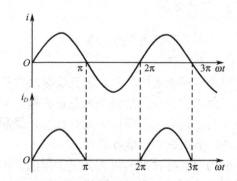

图 2-17 半波整流前后的电流波形对比

流过表头的波形是脉动的波形，由于指针的惯性，表头的转动力矩与一个周期内电流的平均值成正比。如果用 $I_\sim$ 表示有效值，那么在半波整流时，整流后电流的平均值为

$$I_{平均} = 0.45 I_\sim$$

电路中 D_2 的作用是在交流信号的负半周提供一个通路。如果没有 D_2，D_1 在负半周截止，则 D_1 会由于承受较大的反向压降而被击穿。

② 计算各附加电阻。

设计万用表测量交流电压的电路时，首先应确定交流电压表的灵敏度。交流电压表的灵敏度用 $\dfrac{1}{I_\sim}$ 表示。$I_\sim$ 为交流电流的有效值。同直流电压表一样，$\dfrac{1}{I_\sim}$ 表示测量电路中每产生 1V 压降所需要的电阻值，它的单位是 Ω/V，通过改变附加分压电阻可以得到不同的量限。

设计时，还应考虑整流二极管的正向导通电阻，二极管的正向导通电阻一般在几百到几千欧姆，因为二极管的正向导通电阻值不确定，所以电路中接入电位器进行相应的调整。

测量交流电压的电路如图 2-18 所示，量限分别为 U_1，U_2，…，U_n（n 为正整数）时，其对应的内阻是 R_{e_1}，R_{e_2}，…，R_{e_n}。

计算表头的附加分流电阻及各附加分压电阻时，将 R_p 滑动端置于最左侧。

已知交流电压表的灵敏度 $\dfrac{1}{I_\sim}$，可以得到：

$$I_{平均} = 0.45 I_\sim$$

$$R_p + R_3 = \frac{I_m R_m}{I_{平均} - I_m}$$

一般调零电阻 R_p 取值为

$$R_p = (0.2 \sim 0.25)(R_p + R_3)$$

各量限对应的交流电压表内阻为

$$R_{e_1} = \frac{1}{I_\sim} U_1$$

$$R_{e_2} = \frac{1}{I_\sim} U_2$$

$$\vdots$$

$$R_{e_n} = \frac{1}{I_\sim} U_n$$

图 2-18　多量限交流电压表

那么

$$R_1 = R_{e_1} - R_D - \frac{R_m(R_p + R_3)}{R_m + R_p + R_3}$$

式中，R_D 为二极管 D_1 的正向电阻：

$$R_2 = R_{e_2} - R_{e_1}$$

$$\vdots$$

$$R_n = R_{e_n} - R_{e_{(n-1)}}$$

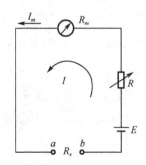

图 2-19　欧姆表测量原理

（5）测量电阻的电路

万用表中测量电阻的电路是一个多倍率欧姆表。

① 欧姆表的测量原理。

测量电阻的原理如图 2-19 所示。当 a、b 短路，即 $R_x = 0$ 时，调 R 使指针满偏，此时电流为

$$I = I_m = \frac{E}{R + R_m}$$

当 a、b 两端接入电阻 R_x 时，电流为

$$I = \frac{E}{R + R_m + R_x}$$

R_x 越小，电流越大，欧姆表的指针偏转角越大，当 $R_x = 0$ 时，指针满偏；R_x 越大，电流

越小，指针的转角就越小，当 $R_x = \infty$ 时，电流为零，指针不偏转。因此，在万用表中，欧姆表的标度尺 0 点在右、∞ 在左，与测量电流及电压时相反。在上述计算式中还可看出，欧姆表中流过表头的电流与被测电阻之间的关系是非线性的，所以欧姆表的标度尺分度也是不均匀的。

② 中心阻值 R_T。

如果被测电阻 $R_x = R + R_m$，则代入上式后有

$$I = \frac{E}{2(R+R_m)} = \frac{I_m}{2}$$

此时表头指针指向标度尺中心。我们用 R_T 表示该电阻，并将 R_T 定义为欧姆表的中心阻值。由 $R_T = R + R_m$ 可知中心阻值 R_T 即是欧姆表的内阻。

在欧姆表中，指针所指标度尺的数值为实际电阻值的挡位称作标准挡，即 $R \times 1$ 挡。如果用标准挡测量大电阻，电流很小，灵敏度低，标度尺刻度密、准确度低。因此，在实际电路中有 $R \times 10$，$R \times 100$，$R \times 1k$ 等倍率挡以提高测量灵敏度。假如欧姆表的倍率扩大 N 倍，则中心阻值也相应地扩大 N 倍。例如，当标准档的中心阻值为 R_T 时，则：

$$R \times 10 \text{ 挡} \qquad R'_T = 10R_T$$
$$R \times 100 \text{ 挡} \qquad R'_T = 100R_T$$

欧姆表的中心阻值一般为 10Ω、12Ω、20Ω 和 24Ω 等数值。

③ 电路灵敏度 I_T。

电路灵敏度 I_T 是指测量电路中当被测电阻 R_x 为 0 时表头满偏转时的电流值。I_T 越小，电路灵敏度越高。当 R_x 为 0 时，测量电路中的电流应为电源电压除以欧姆表的内阻，即

$$I_T = \frac{E}{R_T}$$

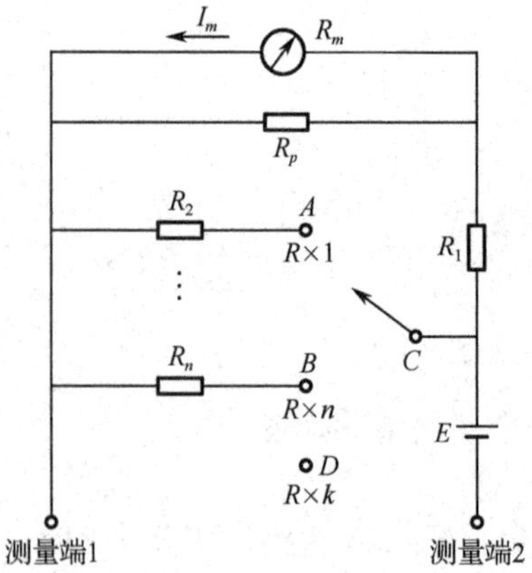

如果倍率扩大 N 倍，R_T 也应扩大 N 倍，则 I_T 相应地缩小为原来的 $1/N$ 倍。

在万用表测量电阻的电路中，电池电压保持不变，用改变分流电阻的方式来提高电路的灵敏度。

如图 2-20 所示，假设 $R \times k$（k 为大于 n 的正整数）挡为最高倍率挡，其他倍率挡为 $R \times 1$，$R \times 10$，…，$R \times n$（n 为正整数）。$R \times k$ 挡电路灵敏度应为标准挡电路灵敏度 I_T 的 $\frac{1}{k}$，是所有倍率挡电路灵敏度最小的，所以应断开分流电阻 R_2 至 R_n，即开关位于空位 D。标准挡为 $R \times 1$ 倍率挡，电路灵敏度为 I_T，是所有倍率挡电路灵敏度最大的，开关连接 A、C 两点。$R \times n$ 倍率挡，开关连接 B、C 两点。根据并联分流的电路理论，可知 R_2 至 R_n 电阻值由小到大排列。

图 2-20 多倍率欧姆表的原理

④ 调零电位器。

欧姆表中的电池使用久了或存放时间长了，其端电压会下降，电路电流也会下降，这样会带来测量误差。解决这个问题的方法是在测量电路中接入调零电位器。调零电位器的接法有并联式、串联式和串并联式。图 2-21 采用的是串并联式调零电位器接法，R_p 为调零电位器。

通常在 R_p 支路中还需要串联电阻 R 来限制其调节范围，以保证一定大小的分流电阻，不至于损坏表头。在设计欧姆表时，一般将电池电压的变化范围设定在 1.2～1.6V 之间。当 E=1.2V 时，电位器的触点在 a 点，如图 2-21（a）所示，当 E=1.6V 时，电位器的触点应在 b 点，如图 2-21（b）所示。

根据图 2-21 可以计算出调零电位器 R_p 的大小，请自行写出推导过程。

$$R_p \approx 0.25(R_p + R)$$

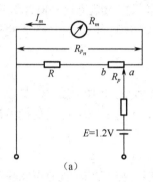
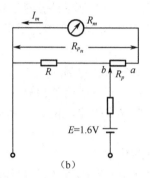

图 2-21　调零电位器滑动端位置与电池电压的关系

⑤ 计算各附加电阻。

如图 2-22 所示为测量电阻电路的实际电路图。确定表头参数和标准挡中心阻值 R_T 即可计算出所有附加电阻阻值。

$R \times k$ 挡为最高倍率挡，则该挡中心阻值为

$$R'_T = k \times R_T$$

该挡灵敏度为

$$I'_T = \frac{E}{R'_T}$$

计算时，将 R_p 滑动端置于最右侧，取电池电压为 1.2V，则

$$R_p + R_1 = \frac{I_m R_m}{I'_T - I_m}$$

确定调零电阻为

$$R_p \approx 0.25(R_p + R_1)$$

因为 R'_T 为 $R \times k$ 倍率挡的内阻，则

$$R_2 = R'_T - R_E - \frac{(R_p + R_1)R_m}{R_p + R_1 + R_m}$$

式中 R_E 为电池内阻。

对于 $R \times 1$ 挡，其内阻为 R_T，则

$$R_T = R_E + \frac{R_3(R'_T - R_E)}{R_3 + (R'_T - R_E)}$$

由上式即可求出 R_3。

同理可求出任一倍率挡对应的电阻 R_n。

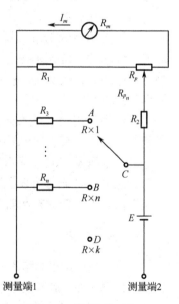

图 2-22　多倍率挡欧姆表

3．技术特性

万用表中采用了磁电系表头，故它具有磁电系仪表一系列的特点，加之它在测量交流时应用了整流线路，所以又具有整流元件所带来的某些特性，现把万用表的技术特性简述如下。

（1）灵敏度高

由于采用了磁电系表头，所以灵敏度很高，作为电压表使用时，内阻一般可达 $2000\Omega/V$ 以上，目前国产的 MF10 型高灵敏度万用表，直流电压挡内阻可达 $100\,000\Omega/V$，交流电压挡内阻也可达 $20\,000\Omega/V$。MF30 型万用表，直流电压挡内阻为 $20\,000\Omega/V$，交流电压挡内阻为 $5000\Omega/V$。

（2）防御外磁场的能力强

由于磁电系表头的内部磁场很强，所以防御外磁场的能力较强。但是在受到强大的磁场作用时，表头磁性仍要改变，使灵敏度降低，所以工作时仍应注意避免把万用表置于强大的磁场中。

（3）频率范围较宽

由于交流电路所采用的整流元件的极间电容较小，故万用表能使用在较宽的频率范围，一般为 $50\sim1000Hz$，MF30 型万用表为 $45\sim1000Hz$，有的可达 5000Hz 或更高。

（4）存在有波形误差

由于采用整流电路，其交流挡测出的本来是交流平均值，对于正弦或非正弦电量都是平均值，但它的标度尺是在正弦情况下按有效值来分度的。当被测电压为非正弦波时，平均值和有效值的关系改变了，故波形因数 $K_1\neq1.11$，这样使测量结果由于波形不是正弦波而引起的波形误差较大。

近年来万用表的技术特性越来越完善，它们的准确度和灵敏度越来越高，测量范围也越来越大。我国许多仪表制造厂家近年来生产了许多先进的新产品。例如，高精度万用表的直流电流、电压及交流电压测量部分的准确度均可达 1.0 级，最多有几十个量限挡，使用极为方便。总之，目前万用表在准确度高、灵敏度高、测量种类多和范围广、工作频率范围加大及采用新元件、新材料和新技术等各方面都达到了很高的水平。

4．使用方法

万用表的结构形式多种多样，表面上的旋钮、开关的布局也各有差异，因此在使用万用表之前，必须仔细了解和熟悉各部件的作用，同时也要分清表盘上各条标度尺所对应测量的量。

使用万用表时，首先要将表放平稳，在使用前应注意指针是否在零位，若不在零位，应调表壳上的机械调零螺丝，使指针指到零位。测量时，注意手指不要碰到表笔的金属触针，以保证安全及测量的精确。

（1）直流电压测量

将红色表笔插入正极（+）插孔，黑色表笔插入负极（−）插孔，将"量程选择开关"放在"V"挡内，如对被测电压不能确定大约数值时，应先将量程选在最大，然后将两表笔与被测电压并联，正表笔接高电位端，负表笔接低电位端。根据测出的大约数值选择合适的量程位置，使指针偏转到满刻度的 1/2 或 2/3 以上，这样测量结果较准确。

如果不知道被测部分的正负极性，则可这样来判断：先将转换开关置于直流电压最高量限挡，然后将一表笔接于被测部分的任一极上，再将另一表笔在另一极上轻轻一触，立即拿开，观察指针的偏向，若指针往正方向偏转，则红色表笔接触的为正极，黑色表笔接触的为负极；若指针反转，则红色表笔接触的为负极，另一端为正极。

（2）交流电压测量

交流电压的测量方法与直流电压相似，只是将量程选择开关放在"$\underset{\sim}{V}$"范围内即可，表笔无正负方向。

这里要指出，对测量交流低压时（<10V）要用交流低压挡专用标度尺，如10V专用标度尺。

还应特别指出，需要测量电压时，切不可把转换开关置于测量电流或电阻的位置，否则测量电压时将使表头遭受严重损伤，甚至被烧毁。

（3）直流电流测量

直流电流测量范围一般为50μA～500mA，将量程选择开关置于电流挡合适的量程位置。测量时，将万用表按正、负极方向串联在被测电路中。

（4）电阻测量

将量程选择开关置于"Ω"挡范围内。在使用万用表欧姆挡时应注意下列几点。

① 选择适当的倍率，使指针指示在"Ω"标度尺的中心附近。越接近中心读数越准确。越往左，读数的准确度越差，一般读数范围是刻度尺的1/3～2/3处。

② 调零：将两支表笔"短接"（即碰在一起），调节零欧姆调整旋钮，使指针恰好指示在零欧姆上。然后将表笔分开，去接触被测电阻的两端。

③ 在测量电阻之前，应将电源切断，电路中有电容器时应先放电；否则等于用电阻挡去测量电阻两端的电压降，就会使表损坏。

④ 在不能确定被测电阻是否有并联支路时，必须先把一脚焊下，然后测量；否则并联支路的电阻会使被测电阻的测得值比实际值小。

⑤ 在测试电阻时，两手不应同时接触电阻两端，否则相当于在被测电阻两端并联一只人体电阻，使测得值偏小，在测量高阻时误差更大。

⑥ 量程每变换一次，都必须调节零欧姆调整旋钮，使指针指向零欧姆。

⑦ 测晶体管参数时，要用低压高倍率挡，如$R\times100$或$R\times1k$等；否则将由于电压太高或电流太大而损坏管子。

⑧ 决不允许用万用表的欧姆挡去直接测量微安表头、检流计、标准电池等类仪表仪器。

（5）电平的测量

在万用表的标度盘上一般有分贝标度尺，它是用来测量电平的。这里先介绍"分贝"与"电平"的概念，然后就有关电平的测量知识进行介绍。

① 传输的衰减及其测量单位——分贝。

a．根据传输线理论，电压、电流延长线的衰减和线路长度具有指数关系；此外，人的感官的感觉度也是与外界刺激（如听觉与声音刺激的能量）的对数成正比。因此在计算一个通信系统各部分电能传输的衰减时，用对数关系来表示就很方便。

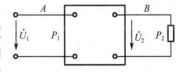

图 2-23 表示一段传输线的四端网络

图 2-23 中的四端网络表示一段传输线，或某种电信设备如滤波器、放大器等，也可以表示一个通信系统的组合，这时整个系统的衰减可表示为输入功率P_1与

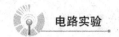

输出功率 P_2 之比的常用对数，并用符号 S 表示，即

$$S = C\log\frac{P_1}{P_2}$$

式中，C 为比例常数，与选用的单位制有关。

　　b. 测量衰减的单位之一是"分贝"，用符号 dB 表示，它是这样规定的：当输入功率 P_1 为输出功率 P_2 的 10 倍时，通过这一系统的衰减定为 1 "贝耳"，它的 $\frac{1}{10}$ 称为 1 "分贝耳"，简称"分贝"。

　　采用这一单位后，$S = C\log\frac{P_1}{P_2}$ 的比例常数 C 可由下式求出：

$$S = 10（dB）= C\log\frac{P_1}{P_2} = C\log10 = C$$

因此　　　　　　　　　　　　$C = 10（dB）$

当 $\frac{P_1}{P_2}$ 为其他比值时，将上式代入 $S = C\log\frac{P_1}{P_2}$，可得

$$S = 10\log\frac{P_1}{P_2}$$

在实际测量中，测量 U_1，U_2 比较方便，这时根据 $P = \frac{U^2}{Z}$ 的关系，在阻抗 Z 一定的情况下，可将上式改写为

$$S = 20\log\frac{U_1}{U_2}$$

　　② 电平与零分贝标准。

　　电能经过一个通信系统的衰减（如图 2-23 中从 A 到 B 的衰减）有些类似于电路中两点之间的电位差。而通信系统中某一处的"电平"（如图 2-23 中 A 处的电平或 B 处的电平）则有些类似于电路中某一点的电位。为了确定某一点的电位，必须规定一个零电位点作为计算电位的标准，同理，为了讨论电路中某一点的电平，也必须规定一个"零电平"作为计算电平的标准。通常规定对于 600Ω 的负载电阻输出 1mW 的功率作为零电平标准（又叫零分贝标准或 0dB 标准）。所谓"电平"，实际上是一个用对数来表示功率的参数。通信系统中某一处的电平的数值就等于该处测得的功率与零电平标准的功率之比的对数值。电平也以分贝为单位。若将 $S = 10\log\frac{P_1}{P_2}$ 中的 P_2 改写为 P_0，以代表零电平标准，而 P_1 代表被测处的输出功率，则该处的 电平 $= 10\log\frac{P_1}{P_0}$。显然，若 $P_1 = 1mW$，且负载阻抗也为 600Ω，则该处电平等于 $10\log\frac{0.001}{0.001}$，等于 0。

　　对应于零电平 P_0 的电压 U_0，可按下式求出：

$$U_0 = \sqrt{P_0 Z} = \sqrt{0.001 \times 600} = 0.775（V）$$

　　因此，在万用表的标度盘上，对应于交流电压标度尺的 0.775V 的位置，就是 dB 标度尺的 0dB 刻度线；与此相应，对应于 7.75V 的位置，就是 +20dB 刻度线；对应于 0.245V 处的就

是-10dB 刻度线, 这是因为:

$$20 \times \log \frac{U_1}{U_0} = 20 \times \left(\log \frac{0.245}{0.775} \right) = 20 \times (-0.5) = -10$$

其余以此类推。

在有的万用表中也有用对于 500Ω负载电阻输出 6mW 作为 0dB 标准的, 这时相应的 U_0=1.732V。

一个通信系统, 其中任何一点的 "电平" 都应在规定的范围内变化。如果电平太高或太低, 就会产生两条通信线路间的串音干扰及使信号产生非线性畸变等不正常情况。因此电平的测量在有线通信系统中具有重要的意义。

③ 分贝刻度尺的应用。

a. 万用表上有了分贝标度尺, 测量一个系统电平的衰减或增益就非常方便, 可以避免用 U_1, U_2 求对数的反复计算。例如, 测得一个放大器的输入信号为 5dB, 输出信号为 45dB, 则该放大器的增益为 40dB。代入 $S = 20\log \frac{U_1}{U_2}$ 及 $S = 10\log \frac{P_1}{P_2}$, 可求得 $\frac{U_1}{U_2} = 100$, $\frac{P_1}{P_2} = 10\,000$ 倍。

b. 当已经测得电路某一处 (负载电阻为 600Ω) 的电平的 dB 值时, 从 $S = 20\log \frac{U_1}{U_2}$ 及 $S = 10\log \frac{P_1}{P_2}$ 可以求出该处的电压或功率, 这时只需用 $P_2 = P_0 = 0.001W$ 或 $U_2=U_0=0.775V$ 代入即可。例如, 测得线路上某处的电平为 40dB, 则该处的功率 P_1 及电压 U_1 为:

$$40 = 10\log \frac{P_1}{0.001} = 20\log \frac{U_1}{0.775}$$

故

$$P_1 = 0.001 \times 10^4 = 10 \ (\text{W})$$
$$U_1 = 0.775 \times 10^2 = 77.5 \ (\text{V})$$

有的万用表说明书上附有电压、功率比——dB 换算图表, 可以不经计算直接从图上查出 P_1 和 U_1 的值。

c. 如果找不到所用万用表说明书, 不知道 0dB 标准是选择 500Ω、6mW 还是 600Ω、1mW, 只需从 dB 标度尺上看 0dB 是对应于 1.732V 还是 0.775V 即可。

d. 如果所用万用表是以 600Ω、1mW 作为 0dB 标准来刻度的, 但被测负载 R 不是 600Ω, 这时就不能从万用表上直接读出 dB 数了, 而需做如下换算。

设此时 R 的端电压为 U_1, 所消耗的功率为 P_1, 根据前面所述关于电平的定义, 则实际功率 P_1 的电平为

$$S = 10\log \frac{P_1}{0.001} = 10\log \frac{\dfrac{U_1^2}{R}}{\dfrac{(0.775)^2}{600}}$$

$$= 10\log \frac{\dfrac{U_1^2}{600}}{\dfrac{(0.775)^2}{600}} + 10\log \frac{600}{R}$$

上式右方第一项就是以 600Ω、1mW 作为 0dB 标准的万用表的读数。故所求的 dB 数为

$$S=以\ 600Ω、1mW\ 作为\ 0dB\ 的万用表的读数+10\log\frac{600}{R}$$

例如，若 R=500Ω，则须将万用表的读数加上 0.79dB（因 $10\log\frac{600}{500}=+0.79$），才是被测处的实际功率电平。

e．如果需要把以 1mW 作为 0dB 功率标准的分贝数，换算成为 6mW 作为 0dB 功率标准的分贝数，则必须减去 7.78dB，这是因为：

$$10\log\frac{P_1}{0.006}=10\log\frac{P_1\dfrac{0.001}{0.006}}{0.001}$$

$$=10\log\frac{P_1}{0.001}-\log\frac{0.006}{0.001}$$

$$=10\log\frac{P_1}{0.001}-7.78$$

上式中 $10\log\dfrac{P_1}{0.006}$ 是以 6mW 作为 0dB 标准的读数，而 $10\log\dfrac{P_1}{0.001}$ 是以 1mW 作为 0dB 标准的读数。

综上所述，所谓电平的测量实际上都是变换成电压的测量来实现的。测量电平时，若使用万用表的交流电压 10V 挡，则 dB 值可在分贝标尺上直接读取；若使用 50V 挡，则读数应加上 14dB；若使用 250V 挡，应加上 28dB。如果负载电阻不是标准值。还需要按上述方法将读数做必要的换算。

（6）正确读数

在万用表的表盘上有很多条标度尺，它们分别在测量各种不同的被测对象时使用。

例如，标有"DC"或"－"的标度尺为测量直流时用；标有"AC"或"～"的标度尺为测量交流时用，读数时不要读错标度尺。万用表上还有交流低压挡的专用标度尺，如 10V 专用标度尺。标有"Ω"的标度尺是测量电阻用的。

（7）使用注意事项

① 每次测量前必须核对转换开关的位置是否符合测量要求。

② 切不可用欧姆挡或电流挡去测试电压，否则会烧毁电表。

③ 当电表正在测试高电压大电流时，不能旋动转换开关。因为这样做会使触点间产生电弧，使开关损坏。

④ 电表使用完后，应将转换开关（量程选择开关）旋到最高电压挡上（一般放在交流电压最高挡位置）。

为了保护万用表表头，除了装有熔丝外，一般在表头正负两端并联两只硅二极管。由于硅二极管导通电压大于 0.5V，所以在 0.5V 以下硅二极管正向电阻很大，对表头原来的内阻影响极微，可以忽略不计。在误测时，电压升高会使硅二极管导通，正向电阻降低，大部分电流被二极管分流，因而保护了表头。

5. 数字万用表

随着科学技术的发展，特别是集成电路技术的发展，数字仪表的应用迅速增加。目前，在实验室、研究所及各类企事业单位，数字万用表已逐渐取代了模拟式万用表。数字万用表是一种多功能、多量程的数字仪表，它采用液晶显示器作为读数装置，具有测量精度高、使用安全可靠、操作方法简便等特点。数字万用表的型号品种繁多，按量程转换方式分类，可分为手动量程式数字万用表、自动量程式数字万用表和自动/手动量程式数字万用表；按用途和功能分类，可分为低档普及型数字万用表、中档数字万用表、智能数字万用表、多重显示数字万用表和专用数字仪表等；按形状大小分，可分为袖珍式数字万用表和台式数字万用表两种。

数字万用表的类型虽然非常多，但测量原理基本相同，大多数是在直流数字电压表的基础上扩展而成的。为了能测量交流电压、电流、电阻、电容、二极管正向压降、晶体管放大系数等电量，必须增加相应的转换电路，将被测电量转换成直流电压信号，再由 A/D 转换器转换成数字量，并以数字形式显示出来。因此，数字万用表是由功能转换器、A/D 转换器、LCD 显示器、电源和功能/量程转换开关等构成的。

大部分数字万用表的外形和面板如图 2-24 所示，根据型号不同稍有差异，主要包括 LCD 显示屏、电源开关、功能/量程转换开关、输入插孔和三极管测试插孔等部分。

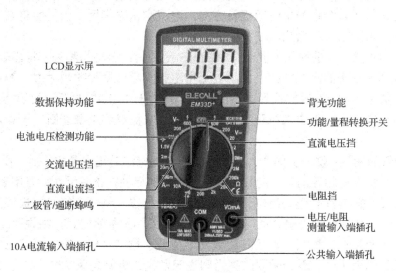

图 2-24　数字万用表面板

相对于模拟式万用表，数字万用表具有以下特点。

（1）数据显示清晰直接，读取方便快捷。

（2）准确度和分辨率较高，三位半的数字万用表精确度高达±0.3%，分辨率可达±0.05%。

（3）测试功能强大，除针对直流电压、交流电压、电阻、直流电流和交流电流等可以进行有效测试外，很多型号的数字万用表都有电容、电感、温度等测试功能，并且可以通过蜂鸣器检查线路是否出现通断情况。

（4）自动判别极性，在对直流电流和电压进行测量时，红黑表笔对输入的极性没有特别

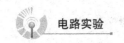

的要求，当电流从黑表笔中进入时，仪表显示的是负值。

（5）抗过载能力强，在仪表能够测量的范围内，即使操作失误导致超量程也不会给仪表带来严重损害。

（6）电压挡输入阻抗非常高，一般在 10 兆欧以上，在实际的测量过程中，几乎可以忽略数字万用表对电路产生的分流作用。

（7）能够自动调零。

（8）大多数数字万用表具有保持读数的功能。

（9）自动关机功能，提高电池有效使用时间，节省能源。

尽管不同型号的数字万用表使用方法略有差异，但是通常都有以下几种使用方式。

（1）交、直流电压的测量：将电源开关置于 ON 位置，根据需要将量程转换开关拨至 DCV（直流）或 ACV（交流）范围内的合适量程处，将黑表笔插入 COM 插孔，红表笔插入正确的测试插孔。然后将两只表笔连接到被测点上，显示屏幕上就会直接显示被测点的电压数值及方向。在测量交流电压时，应当用黑表笔去接触被测电压的低电位端（如信号发生器的公共接地端或机壳），从而减小测量误差。

（2）交、直流电流的测量：将量程转换开关拨至 DCA（直流）或 ACA（交流）范围内的合适量程处，将黑表笔插入 COM 插孔，红表笔插入正确的电流测试插孔，如毫安级电流对应的插孔或大电流对应的插孔。然后通过两只表笔将数字万用表串联在被测电路中，显示屏幕上就会直接显示被测点的电流数值及方向。电流测试完毕后，应立即将红表笔从电流插孔中拔出，插入正确的电压插孔，以保护数字万用表。

（3）电阻的测量：将量程开关拨至 Ω（OHM）范围内的合适量程处，将黑表笔插入 COM 插孔，红表笔插入正确的测试插孔。如果被测电阻超出所选量程的最大值，万用表将显示过量程符号——数字"1"，这时应选择更高的量程。对大于 1 MΩ 的电阻，要等待几秒，待数据显示稳定后再读取。当检查内部线路阻抗时，要保证被测线路电源切断，所有电容已经完全放电。

（4）二极管的测量：仪表上的"COM"插孔和内部电池的正极是相连的，仪表上的"VΩ"插孔和内部电池负极是相连的，一定要注意内部电池的极性，在使用数字万用表检测二极管、检查线路通断时，都是红表笔为高电位、黑表笔为低电位。将红表笔接二极管正极，黑表笔接负极，二极管串联在两根表笔之间，观察读数，如果显示数字"1"，则说明二极管已损坏；如果有读数，则交换红、黑表笔，还有读数而不是显示数字"1"，则二极管已损坏。如果是发光二极管，长脚为正极，看到微弱的亮光则说明发光二极管是正常的。

（5）电容的测量：将量程转换开关拨至电容对应的合适量程处，转动零位调节旋钮，使初始值为 0，然后将电容直接插入电容测试插座中，这时显示屏上将显示其电容量。需要注意的是，测量过程中两手不得碰触电容的电极引线或表笔的金属端。电容测试的原理主要是在测试刚开始时仪表的充电电流较大，类似于通路，所以会发出蜂鸣声，当电容器两端的电压急速上升时，充电的电流就会相应地下降，最终蜂鸣器会停止发声。如果蜂鸣器一直不中断地发出蜂鸣声，则电容器内部可能出现短路的情况；如果反复对调红、黑表笔测量，蜂鸣器都不能发出声音，仪表显示一直为数字"1"，则表明被测的电容器的内部可能出现断路。

2.1.4 电磁系仪表

前面介绍的万用表交流挡一般仅可以测量工频的交流电压，它属于整流系仪表，是整流器和磁电系仪表的组合，整流器的作用是把交流转变为直流，再利用磁电系仪表进行测量。由于这种仪表的偏转角与整流电流平均值成正比，仪表的标度尺可以按正弦交流有效值刻度，当被测量为正弦量时，其读数代表正弦量的交流有效值，但是被测量为非正弦量时，其读数会产生很大的误差。

在电工测量中，交流电流、电压的测量是非常普遍的，所以仅用万用表交流挡无法满足测量需要，在工业生产过程和实验室科研工作中使用更广泛的是电磁系仪表和电动系仪表。电磁系仪表是由软磁材料可动铁片受固定线圈磁场吸引或被固定线圈电流同时磁化的静动铁片间的推斥力所驱动的仪表，也称为动铁式仪表或软铁式仪表。本节主要介绍电磁系仪表的结构、工作原理和技术特性。

1. 结构

电磁系仪表利用处于磁场中的软铁片受磁化后被吸引或推斥而使表针偏转。利用吸引作用的称作吸入型仪表，现已很少生产；利用推斥作用的称为推斥型仪表，现代电磁系仪表测量机构普遍采用这种形式，它的基本结构如图 2-25 所示。固定部分包括一个圆线圈和附在线圈内壁上的一个固定铁片；可动部分包括装在转轴上的一个可动铁片及游丝、指针等。它的工作原理可以定性地解释如下：当被测电流 i 通过线圈时，两铁片在相同方向上被磁化（见图 2-25（b）），由于它们的磁化极性相同，因而互相推斥产生转动力矩。而且不管电流方向怎样改变，两铁片的磁化极性总是一致的，因此可动铁片受到的总是推斥力，而转动力矩的方向始终保持不变，所以这种仪表能够用来测量交流。

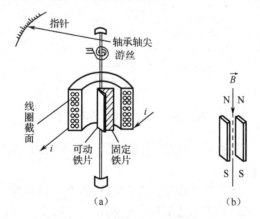

图 2-25　电磁系仪表的基本结构

2. 工作原理

为了更好地理解电磁系机构的性能，还需要对它的转动力矩进行一些定量的分析。从上面的讨论不难看出，转动力矩的大小与两个铁片的磁化强度的乘积成正比，而每个铁片的磁化强度都和线圈磁场的强弱也就是和流过线圈的电流 i 的大小成正比，因此转动力矩应该正

比于被测电流的平方，即 $m \propto i^2$。

通过线圈的电流是交流时，m 随着时间作脉动的变化（不过它只随 i 改变大小而不改变方向）。由于活动部分的惯性较大，跟不上力矩的变化，所以它的偏转取决于瞬时力矩 m 的平均值 M（即平均转动力矩）：

$$M = \frac{1}{T}\int_0^T m\mathrm{d}t \propto \frac{1}{T}\int_0^T i^2\mathrm{d}t \propto I^2$$

式中：I——电流 i 的有效值。

当平均转动力矩与游丝供给的反抗力矩 $M_{\text{反}} = D\alpha$ 平衡时，指针达到稳定偏转，此刻：

$$M = M_{\text{反}} = D\alpha$$

即

$$\alpha \propto \frac{1}{D}I^2$$

因为电磁系仪表的偏转角与被测电流有效值的平方成正比，所以仪表标度尺的刻度是不均匀的，标尺的起始部分很密，读数很不准确，使用时应避免在此区域内测读。

电磁系测量机构都是直接形成电流表，不需要其他分流装置。因为这种仪表中被测电流流过固定的线圈，固定线圈可以用较粗的绝缘导线绕制，电流表的量限越大，固定线圈的导线越粗，匝数越少。

电磁系电流表采取将固定线圈分成相等两段绕制的方法可以获得两个量限。如果这两部分线圈串联形成的量限是 0.5A，则将它们改接成并联就得到 1A 的量限。图 2-26 所示的就是双量限的电流表，利用金属连接片或插塞可以将两部分线圈改接成串联或并联，从而得到两个不同的量限。

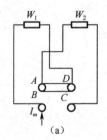
(a)

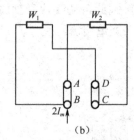
(b)

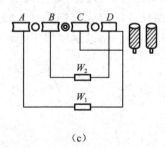
(c)

图 2-26 电磁系双量限电流表

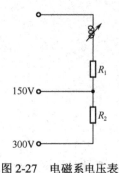

图 2-27 电磁系电压表

电磁系电压表采用串联附加电阻的方法来扩大量限，如图 2-27 所示。

由于固定线圈产生的磁场很弱，这种电压表的灵敏度较低（最小满偏转电流不低于几十毫安），一般为几十欧/伏到几百欧/伏。

3. 技术特性

（1）结构简单，坚固耐用，价格便宜。

（2）表针偏转角反映被测量的有效值，因 $\alpha \propto I^2$，故标度尺刻度不均匀。

（3）过载力强——由于电流不通过游丝，所以机构的过载能力强（短时过载达量限电流十倍以上）。

（4）电压表的"每伏欧姆数"低，仪表本身消耗的功率大，对被测电路的影响较大，不宜用来测量高阻电路的电压。

（5）频率影响大——对电磁系电压表来说，由于固定线圈匝数较多，它的感抗随着频率变化，给读数带来影响，就是说用这种电压表测量频率不同但有效值相等的两个电压时，读数不一样，引起了频率误差，因此这种电压表不能用来测量高频电压，只适用于工频。

（6）受外磁场的影响严重——由于它的线圈磁场很弱，所以很容易受外界磁场的干扰，使用时要注意离开外磁场。

2.1.5　电动系仪表

磁电系仪表的磁场是由永久磁铁建立的，故转矩的方向随着动圈电流的方向改变而改变，它不能直接用来测量交流。如果利用通过电流的固定线圈产生的磁场 B 来代替永久磁铁，使 B 和动圈电流 i 的方向同时改变，则转矩的方向不变，这样就可以用来测量交流了。基于上述条件构成的仪表称为电动系仪表。本节主要介绍电动系仪表的结构、工作原理和技术特性。

1．结构

电动系仪表的原理结构图如图 2-28 所示。电动系仪表的可动部分和磁电系仪表的可动部分基本一样，有一个通过电流的可动线圈，上下各有一个游丝，既可以导电又可以供给反抗力矩。电动系仪表的固定线圈分为两半，彼此平行排列，以便于在它们之间形成比较均匀的磁场。固定线圈可以通过串联或并联的方式连接起来，当电流通入固定线圈时即可形成磁场，此时通入电流的动圈即处于磁场中，会受力旋转。

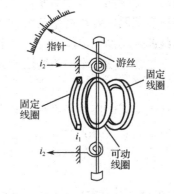

图 2-28　电动系仪表原理结构图

2．工作原理

如图 2-28 所示，用 B_1 表示定圈电流 i_1 形成的磁场，则通入 i_2 电流的动圈转矩大小与 B_1 和 i_2 的乘积成正比，又因为 B_1 与 i_1 成正比，所以转矩大小正比于定圈和动圈电流的乘积，即

$$m \propto B_1 i_2 \propto i_1 i_2$$

当 i_1, i_2 为交流时，力矩 m 也随着时间变化。由于可动部分有惯性，指针偏转只取决于平均转矩：

$$M = \frac{1}{T} \int_0^T m \mathrm{d}t \propto \frac{1}{T} \int_0^T i_1 i_2 \mathrm{d}t \propto I_1 I_2 \cos\varphi$$

式中：I_1, I_2 ——电流 i_1，i_2 的有效值；

φ ——I_1, I_2 之间的相位差。

当转矩 M 与游丝产生的反抗力矩 $M_{反}$ 平衡时，指针即停止转动，此刻：

$$M = M_{反} = D\alpha$$

即

$$\alpha \propto I_1 I_2 \cos\varphi$$

可见，电动系仪表的偏转大小不仅取决于两线圈电流的乘积，还与两电流之间的相位差

有关，也就是说，这类仪表能反映正弦电流之间的相位关系，人们称这种机构具有"相敏"特性。

当然，这种仪表也能测量直流，这时有：

$$\alpha \propto I_1 I_2$$

3. 技术特性

（1）因为内部没有铁磁物质的缘故，电动系仪表的准确度较高，可以达到 0.1 级至 0.5 级。

（2）电动系仪表可交直流两用。

（3）电动系仪表结构相对比较复杂，制造成本较高。

（4）因为自身结构限制，电动系仪表过载能力较低。

4. 功率表

电动系仪表可做成电流表、电压表和功率表。电动系电流表和电压表主要作为交流标准表（0.2 级以上）用，而电动系功率表则极为普遍，因此，本部分着重讨论电动系功率表。

交流电路的功率表达式为

$$P = UI\cos\varphi$$

从电动系仪表的结构和工作原理可知，电动系测量机构能满足功率测量的要求。测量的方法是把定圈与负载串联，它产生的磁场取决于负载电流；动圈串联适当的附加电阻后，跨接在负载两端，动圈中电流的大小取决于电压的高低。因此，在功率表中，一般称定圈为电流线圈，动圈为电压线圈。

电动系功率表的电路连接如图 2-29 所示，这时通过定圈的电流 $\dot{I}_1$ 等于负载电流 $\dot{I}$，即

$$\dot{I}_1 = \dot{I}$$

而通过动圈的电流 $\dot{I}_2$ 是与负载电压 $\dot{U}$ 成正比的，由于附加电阻 R_V 很大，动圈感抗可忽略不计，所以 $\dot{I}_2$ 与 $\dot{U}$ 同相，即

$$\dot{I}_2 = \frac{\dot{U}}{R_V}$$

由图 2-29（b）可以看出，这时功率表两个线圈的电流 $\dot{I}_1$ 和 $\dot{I}_2$ 之间的相位差角正好等于负载端电压 U 和电流 I 之间的相位差角。

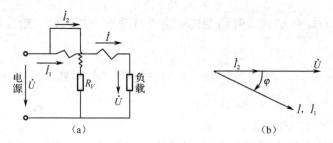

图 2-29　功率表的电路连接

因此，可以把原理中 $\alpha \propto I_1 I_2 \cos\varphi$ 改写为

$$\alpha \propto UI\cos\varphi$$

式中，$UI\cos\varphi$ 即负载消耗的功率 P。可见电动系功率表指针的偏转大小与负载功率成正比，标尺刻度是均匀的。

使用功率表时应注意以下几个事项。

（1）功率表的正确接法

使用功率表测量功率时，为了不使指针反转，通常在电流线圈和电压线圈的一个端钮标有"*"或"±"等特殊标记，习惯上称为"同极性端"或"发电机端"。连接功率表时只要保证电压线圈的极性端和电流线圈接在一起（接在电流线圈的极性端或非极性端上都可以），并将电流线圈的极性端接至电源的一端，表针就一定会正转。按照上述原则，功率表的正确接法有两种，如图 2-30 所示。

如果弄不清电源在哪一边，而将电流线圈的极性端接到负载上，如图 2-31 所示，则表针就要反转，此时只要把电流线圈的两个端钮对调，表针就可以正常转动。

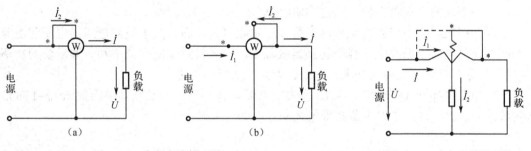

图 2-30　功率表连接方法　　　　　　图 2-31　功率表错误连接一

如果发生上述情况时不是将电流线圈的两个端钮对调，而是将电压线圈的两个端钮对调，如图 2-32（a）所示，此时虽然表针也会正转，但由于 R_V 很大，电压 U 几乎全部在 R_V 上降落，在这种情况下，电压线圈和电流线圈之间的电压可能很高，由于电场力的作用，将引起附加误差，并有可能发生绝缘被击穿的危险，所以这种接法是错误的。

还有一种情况，如果电压线圈的极性不是和电流线圈接在一起，而是将电压线圈的非极性端和电流线圈接在一起，电压线圈的极性端接到电源的另一条线上，如图 2-32（b）所示，也会使表针反转。这样不仅无法读数，而且两线圈之间的电压过高，仪表指针也容易被打弯，所以这种接法也是错误的。

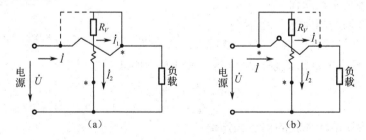

图 2-32　功率表错误连接二

（2）功率表接线方式的选择

图 2-30 所示功率表的两种接法，在功率表的读数中都包括功率表本身的功率损耗。在图 2-30（a）所示线路中，电流线圈中的电流虽然等于负载电流，但是电压线圈两端的电压等

于负载电压加上电流线圈的电压降，即在功率表的读数中多了电流线圈的损耗 I^2R_A（I 为负载电流，R_A 为功率表电流线圈的电阻）。因此，这种接法比较适用于负载电阻远大于 R_A 的情况。这时 R_A 的损耗就比负载功率小得多，功率表的读数近似等于负载功率，测量结果误差较小。

在图 2-30（b）所示线路中，电压线圈的电压虽然等于负载电压，但是电流线圈中的电流等于负载电流加上电压线圈的电流，即功率表读数中多了电压线圈的损耗 U^2/R_V（U 为负载电压，R_V 为电压线圈的总电阻）。因此，这种接法比较适用于负载电阻远小于 R_V 的情况，这时 R_V 的损耗就比负载功率小得多，R_V 的损耗对测量结果的影响较小。

在实际工作中，如果被测负载功率很大，上述功率表本身的损耗根本不需要考虑；如果被测负载功率很小，为了使测量结果准确，必须在功率表读数中减去功率表本身的损耗才是被测负载功率。

（3）功率表的"量限"和"额定功率因数"

使用功率表时，不仅要求被测功率数值在量限以内，而且要求被测电路的电压和电流值也不超过它的电压线圈和电流线圈的额定量限值，否则将对线圈安全不利。通常谈到功率表"量限"时总是包含这三种（功率、电压、电流）量限的总称。

一般功率表都设计在额定电压 U_N、额定电流 I_N 作用下，当负载功率因数 $\cos\varphi=1$ 时指针达到满偏转，就是说，这三个量限数值之间存在如下关系：

$$P_N = U_N I_N$$

具有这种量限关系（在 $P_N = U_N I_N$ 中 $\cos\varphi=1$）的功率表称为"额定功率因数"等于 1 的功率表。

（4）功率表的正确读数

功率表的标度尺只标有分格数，而并不标明数值，这是由于功率表一般是多量限的，在选用不同的电流量限和电压量限时，每一格都代表不同的功率数值。每一格所代表的数值称为功率表的分格常数。在一般功率表中，工厂附有表格，标明了功率表的不同电流、电压量限下的分格常数，以供查用。在测量时读得了功率表的偏转格数后乘上功率表相应的分格常数，就等于被测功率的数值。即

$$P = C\alpha \quad （瓦）$$

式中：P——被测功率的数值（瓦）；

　　　C——功率表分格常数（瓦/格）；

　　　α——指针偏转的格数。

如果功率表没有分格常数表，也可按下式计算功率表分格常数：

$$C = \frac{U_m I_m}{\alpha_m} \quad （瓦/格）$$

式中：U_m——所使用功率表的电压额定值；

　　　I_m——所使用功率表的电流额定值；

　　　α_m——功率表标度尺的满刻度的格数。

【例3】 如果选用额定电压为 300V，额定电流为 5A，具有 150 格的功率表去进行测量，现读得功率表的偏转格数为 70 格，问该负载所消耗的功率为多少？

解：功率表的分格常数为

$$C = \frac{U_m I_m}{\alpha_m} = \frac{300 \times 5}{150} = 10 \text{（瓦/格）}$$

故被测负载所消耗的功率为

$$P = C\alpha = 10\text{瓦/格} \times 70\text{格} = 700 \text{（瓦）}$$

当应用功率表进行实验时，不但要记录功率表读出的格数，而且要记录所选用的功率表的电压额定值、电流额定值和标度尺的满刻度分格数，以便算出（或查出）功率表的分格常数。

（5）测量低功率因数负载

对低功率因数负载用普通功率表测量误差较大，应该用低功率因数的功率表测量。

2.1.6　交流毫伏表

交流毫伏表是一种用来测量正弦电压的交流电压表，主要用于测量毫伏级以下的毫伏、微伏交流电压。例如电视机和收音机的天线输入电压、中放级电压及这个等级的其他电压。

一般万用表的交流电压挡也可以测量交流电压，但是其内阻较低，只能测量伏级的交流电压，而且测量频率多为工频 50Hz，一般不能超过 1kHz。而交流毫伏表的最小测量量程是毫伏级的，可以测量微伏级电压，其测量频率可以由几赫兹到几兆赫兹，是测量音频放大电路必备的仪表之一。因此，交流毫伏表广泛应用于学校、实验室、科研机构和各类企业中。本节主要介绍交流毫伏表的结构、工作原理和技术特性。

1．结构

交流毫伏表按照测量电压频率的高低可以分为低频、高频和超高频三类，一般市售交流毫伏表有数字/模拟多用交流毫伏表、数字/模拟双通道毫伏表、数字/模拟超高频毫伏表（射频毫伏表）、视频毫伏表和工频/音频交流毫伏表等。常见的交流毫伏表，如 SX2172 型，其系统结构框图如图 2-33 所示。

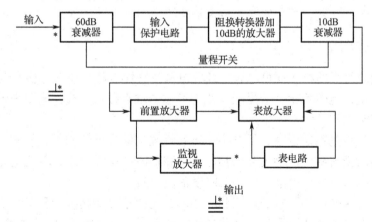

图 2-33　SX2172 交流毫伏表系统结构框图

2．工作原理

交流毫伏表一般由输入保护电路、前置放大器、衰减控制器、放大器、表头指示放大电路、整流电路、监视输出电路和稳压电源电路等部分组成。

被测信号通过输入测试电缆进入仪表，当信号的电压值过大时，输入保护电路工作，用来保护仪表的后续电路，以防止损坏放大器。前置放大器通常采用射极跟随器，以获得比较高的输入阻抗。衰减控制器用来控制交流毫伏表各挡位衰减的通断，使仪器在整个量程均能高精度地工作。放大器通常采用高增益多级放大电路，以提高测试灵敏度，但同时其频率特性也限制了被测电压的频率范围。整流电路将放大了的交流信号进行整流，以便于将交流信号变换成直流信号，再送到磁电系微安表头，推动表头指针偏转，指示出被测交流电压的有效值。监视输出电路主要用来检测仪器本身的技术指标是否符合出厂时的要求，同时也可作放大器使用。

3．技术特性

（1）交流毫伏表测量灵敏度高，可测微伏级电压。
（2）交流毫伏表准确度高，电压测量误差小，频率影响误差小，可测频率范围大。
（3）交流毫伏表输入阻抗高，一般为兆欧级。
（4）交流毫伏表在使用过程中，更换量程时不需要重新调零，操作方便。

2.2　电气测量仪器

2.2.1　直流电源

实验室通常使用的电源一般分为电压源和电流源两种。例如电池、稳压电源、发电机、信号发生器等，它们接上一定范围内的负载，其输出电流会随负载的变化而变化，但是两端电压保持为规定值，这一类属于电压源；另外一类如光电池等，它们接上一定范围内的负载，其输出电流保持为规定值，但是两端电压会随负载的变化而变化，这一类属于电流源。本节主要介绍直流电源的结构、工作原理和技术特性。

1．分类

（1）直流电源根据结构不同可以分为开关电源、线性电源和晶闸管整流电源等。
开关电源的优点是体积小、重量轻、稳定可靠；缺点相对于线性电源来说纹波较大，干扰重，不适合精密测量环境。
线性电源的优点是稳定性高、纹波小，可靠性高；缺点是体积大、较笨重、效率相对较低。一般具有稳压稳流特性，输出分为稳压电源和稳流电源或稳压、稳流电源，输出电压使用电位器连续可调，也有使用单片机或工控设备控制的。
晶闸管整流电源使用历史较长，工艺较成熟，主要部件为晶闸管和工频变压器，由于晶闸管是耐高压和大电流部件，因此，可做成高压大电流、大功率电源，指标和稳定性一般。
（2）直流电源根据输出性质不同可以分为稳压电源和稳流电源。
理想直流电压源的端电压恒定，其输出电流大小和方向由外电路决定。
理想直流电流源输出的电流恒定，端电压大小和方向由外电路决定。
但是理想电源并不存在，实际电压源输出的电压和电流源输出的电流都会随着负载变化而发生变化。

稳压电源就是实际电压源，它相当于理想电压源和一个内电阻串联，这个内电阻越小它的性能越接近理想电源。

稳流电源就是实际电流源，它相当于理想电流源并联一个内电阻，这个内电阻越大越接近理想电源。

2. 结构

稳压电源和稳流电源一般都包含整流电路、滤波电路、基准电压电路、误差放大电路等几部分。整流电路将输入的市电信号进行整流，变为直流信号。滤波电路将高次谐波分量滤除，留下直流分量作为输出。基准电压电路一般由齐纳管和集成运放组成。误差放大电路通过反馈使输出保持稳定。

直流稳压电源结构框图如图 2-34 所示，直流稳流电源结构框图如图 2-35 所示。

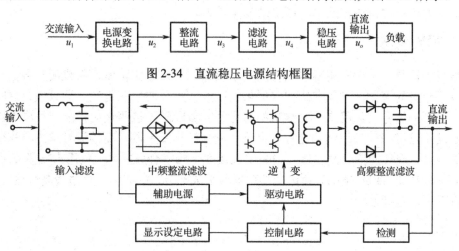

图 2-34 直流稳压电源结构框图

图 2-35 直流稳流电源结构框图

3. 工作原理

以直流稳压电源为例，根据如图 2-34 所示的结构框图，其电压变化过程如图 2-36 所示。输入市电信号波形如图 2-36（a）所示，经过电源变化电路输出电压降低如图 2-36（b）所示，经过整流电路输出电压负半周翻转如图 2-36（c）所示，经过滤波电路滤去高次谐波，输出电压如图 2-36（d）所示，最后经过稳压电路输出直流电压 u_o 如图 2-36（e）所示。

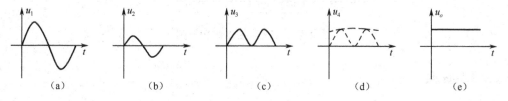

图 2-36 直流稳压电源的原理

4．技术特性

目前市售的大部分稳压、稳流电源技术特性如下。

（1）效率高，稳压、稳流电源的功率损耗很小，很多电源的效率可以达到 80%～90% 左右。

（2）输出电压稳定性高，当电网电压变化时，电源输出基本保持不变。

（3）输出电阻很小，性能优良的稳压电源，输出电阻可小到 1Ω，甚至 0.01Ω。

（4）电压温度系数很小，当环境温度变化时，输出电压的漂移非常小。

（5）输出电压纹波很小，即输出电压中包含的 50Hz 或 100Hz 的交流分量非常微小。

（6）稳压范围宽，输出电压的可调节范围很大，且容易做成多路输出。

（7）安全可靠，保护功能灵敏较高，保护措施比较全面，一般都具有基本保护功能，如过压保护、欠压保护、缺相保护、短路过载保护等。

2.2.2 信号发生器

信号发生器是一种能产生标准信号的电子仪器，可以为实验室、研究所及各类企事业单位进行电子设备的调试、测量和维修等提供正弦波、矩形波、三角波、调频波、调幅波等各种频率、波形的信号，常用来作为测试的信号源或激励源。按照输出标准信号频率的高低，一般信号发生器可以分为超低频信号发生器、低频信号发生器、高频信号发生器和微波信号发生器等种类。现代的信号发生器一般采用直接数字频率合成技术，使用大规模 CMOS 集成电路，超高速 ECL、TTL 电路、高速微处理器等组成部分，主波信号频率最高可达几兆赫兹，频率分辨率可达毫赫兹级。

1．结构

一般信号发生器的结构框图如图 2-37 所示。目前实验室使用的信号发生器一般为 DDS 数字合成信号发生器，这一类信号发生器由控制单元、信号产生单元、信号处理单元、人机交互单元、电源单元等几部分构成。人机交互单元发出命令，控制单元按照命令控制信号产生单元，使其输出对应的信号，输出的信号再经由信号处理单元进行调整和优化。

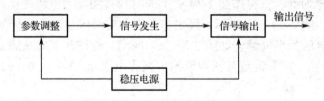

图 2-37　信号发生器结构框图

2．工作原理

DDS 数字合成信号发生器的原理框图如图 2-38 所示。它基于相位与幅度对应的关系，通过改变频率控制字来改变相位累加器的累加速度，然后在固定时钟的控制下取样，取样得到的相位值通过相位幅度转换得到相应的幅值序列，最终可以通过 DAC 转换成波形，再通过低通滤波器滤除杂波分量。

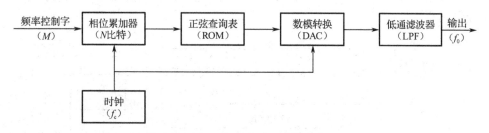

图 2-38 DDS 数字合成信号发生器原理框图

3．技术特性

（1）输出频率相对带宽较宽，并且稳定、准确，分辨率高，其频率分辨率可达几赫兹，可以在很宽的频率范围内进行精细的频率调节。

（2）频率转换速度快，可达纳秒级。

（3）波形质量好。

（4）相位变化连续。

（5）可工作于调制状态，对输出电平进行调节，能够输出各种波形。

（6）功耗低、重量轻，易于程控，使用灵活方便。

2.2.3 示波器

示波器不仅是实验室常用的电子测量仪器，也广泛应用于科研机构和各类企、事业单位等相关部门。示波器能将电信号变化过程用图形的方式完整地呈现出来，利用示波器，不仅可以观测各种不同电信号的幅度随时间变化的波形，还可以定量测试电信号的各种参数，如信号的电压、电流、频率、周期、相位差，脉冲信号的脉冲宽度、上升及下降时间、重复周期等，若配合相应的传感器，还可对压力、温度、密度、声、光、冲击、距离等非电量进行测量。示波器通常为双踪结构，可以同时显示两路被测信号，既可以获得两信号的各种参数信息，又方便对两信号进行比较。实验室使用的示波器通常有模拟示波器和数字示波器两类，这里主要介绍模拟示波器的结构、工作原理和技术特性。

1．结构

模拟示波器是由示波管、垂直偏转系统、水平偏转系统、电子开关和电源电路等部分构成，其原理框图一般如图 2-39 所示。

2．工作原理

垂直偏转系统由衰减器、放大器和延迟线等部分组成，驱动电子束做垂直偏转。水平偏转系统（也称为时基扫描系统），由触发电路、扫描发生器和放大器等部分组成，产生扫描锯齿波并加以放大，以驱动电子束进行水平扫描，并保证荧光屏上显示的波形稳定。其中，触发电路会产生一个触发信号，控制锯齿波扫描电压与被测电压同步。主机系统主要由示波管、增辉电路、电源和校准信号发生器等部分组成，在扫描正程使光迹加亮，在扫描回程使光迹消隐。电源电路将交流市电变换成为校准信号，提供幅度、周期都很准确的方波信号，用以校准示波器的有关性能指标。

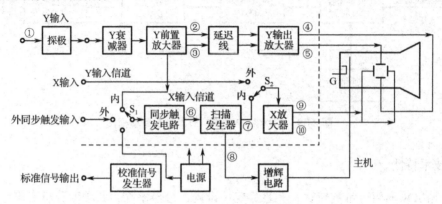

图 2-39　通用示波器结构框图

双踪示波器一般有两种工作方式：一种是采用双枪示波管；另一种是采用单束示波管和电子开关电路配合工作。

高速电子流射到示波管的荧光屏上会形成亮点，亮点的位置受到作用在垂直偏转板和水平偏转板上的偏转电压控制。测量时，被测电压信号加至示波管的 Y 轴上，随时间线性变化的锯齿波扫描电压加到 X 轴上，这样亮点在水平方向从左向右等速移动，达到最大偏移量时会快速回到起始点。

图 2-40 所示是示波器观测到的被测电压的一个周期波形。当 $T_x=nT_y$，n 为正整数时，就可以观测到 n 个周期的被测电压波形。

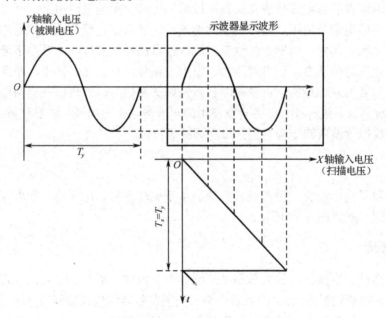

图 2-40　示波器显示信号波形的原理图

3．技术特性

（1）示波器测量频率范围广，灵敏度高，最高偏转系数可达微伏级，垂直分辨率高，并且连续无限级。

（2）示波器触发功能丰富，有各类不同的触发源，同时可以使用交替触发操作获得两个不相关信号的稳定同步显示。

（3）示波器使用方便，操作简单，聚焦电平、触发电路等都可以自动调整，不需要人工干预，并且波形反应及时迅速。

第3章 测量技术

3.1 测量概述

测量是人们借助专门的设备，通过实验的方法，将被测量与作为测量单位的已知量相比较的过程。在比较过程中，可以确定被测量是已知测量单位的几倍或几分之几。测量结果由两部分组成，一部分是比较的数量，另一部分是比较的单位。通过测量，可以获取所研究对象的各种相关信息，从而总结出客观规律，得出正确的结论。

1．测量方式

（1）根据获得测量结果的方式不同，可以把测量方式分为以下三大类。

① 直接测量：将被测量与作为标准的量直接比较，或用事先刻度好的测量仪表进行测量，从而直接测得被测量的数值，这种测量方式称为直接测量。例如，用电流表测量电流、用直流电桥测量电阻等均属于直接测量。直接测量被广泛地应用于工程技术测量中。

② 间接测量：测量中，通过对与被测量有一定函数关系的几个量进行直接测量，然后按这个函数关系计算出被测量数值，这种测量方式称为间接测量。例如，当需要测量某种导体的电阻系数 ρ 时，因为导体的电阻系数 ρ 与导体的电阻 R、截面 S 及长度 L 有一定的关系，所以分别测出各有关量，然后根据式 $\rho = R\dfrac{S}{L}$，就可以计算出 ρ 值了，当某些被测量由于某些原因不便进行直接测量时，就可以考虑采用间接测量。

③ 组合测量：如果被测量有多个，而且能以某些可测量的物理量的不同组合形式表示，可以先直接或间接地测量这些组合的数值，再通过解联立方程组求得未知的被测量数值，这种测量方式称为组合测量。例如，导体的电阻 r_t 随温度 t 变化而变化，两者之间的函数表达式为

$$r_t = r_{20}[1 + \alpha(t-2) + \beta(t-20)^2]$$

如果要确定某种导体的电阻与温度之间的关系，则需测定上式中的电阻温度系数 α, β 以及在 20℃的电阻值 r_{20}，为此，在不同的温度下进行三次测量即可达到目的。

（2）根据是否有度量器直接参与测量过程，可以把获得测量值的方法分为两大类。

测量是将被测量与作为测量单位的已知量进行比较，而作为单位复制体的度量器参加到这一比较过程可以是直接的，也可以是间接的。因此，根据是否有度量器直接参与测量过程，可以把获得测量值的方法分为以下两大类。

① 直读法：用直接指示被测量数值的指示仪表进行测量，能够直接在仪表上读取数值的方法称为直读法。在直读法的过程中，度量器不直接参与作用。例如，用欧姆表测量电阻时，在测量过程中并没有直接使用标准电阻来与被测量的电阻进行比较，而是直接根据欧姆表的指针所指示在欧姆标尺上的位置来读取被测电阻的数值。在这种测量过程中，标准电阻间接地参与作用，因为欧姆表的标尺是事先"校准"的。此外，用电流表测量电流、用电压表测

量电压等均属于用直读法测量。用直读法进行测量，其测量过程简单，操作容易，然而准确度不高。

② 比较法：将被测量与度量器（如标准电池、标准电阻、标准电容）通过较量仪器进行比较，从而测得被测量数值的方法称为比较法。可见，在比较法中，度量器是直接参与的。例如，用电位差计测量电压、用电桥或电位差计测量电阻。用比较法测量可以得到高的测量准确度，但测量时操作比较麻烦，相应的仪器设备也比较昂贵，这是比较法的不足之处。

在测量中，究竟选择哪种测量方式、选择哪种获得测量值的方法，要根据实验条件、对测量结果的准确度要求等多种因素综合决定。

2．测量单位

世界各国曾经使用过不同的制式，如电磁单位制（CGSM）、静电单位制（CGSE）和实用单位制（MKSA）等。目前，我国采用国际单位制。表3-1列出了一些电路分析中常用的国际单位。

表 3-1　常用国际单位

量	单位名称	代号		量	单位名称	代号	
		中文	国际			中文	国际
电流	安培	安	A	电感	亨利	亨	H
电压	伏特	伏	V	电容	法拉	法	F
频率	赫兹	赫	Hz	时间	秒	秒	s
电阻	欧姆	欧	Ω				

在实际使用中，对太大或太小的单位，要在前面加上词头，用以表示这些单位与一个以10为底的正次幂或负次幂相乘后所得到的辅助单位，见表3-2。

表 3-2　词头

名称	代号		因数	名称	代号		因数
	中文	国际			中文	国际	
吉咖	吉	G	10^9	微	微	μ	10^{-6}
兆	兆	M	10^6	纳诺	纳	n	10^{-9}
千	千	k	10^3	皮可	皮	p	10^{-12}
毫	毫	m	10^{-3}				

3.2　误差分析

任何一个仪表在测量时都有误差，它可以表明仪表的指示值和被测量的实际值之间的差异程度。通常仪表说明中会用准确度来说明仪表的指示值和被测量的实际值相符合的程度。误差越小，准确度越高。无论用什么方法测量，无论怎样仔细地进行测量，由于测量仪表本身结构问题及测量方法不够完善等，测量结果与被测量的真实值之间总是会存在着误差，这种误差称为测量误差。

1. 分类

（1）根据引起误差的原因，一般可以将仪表的误差分为两大类。

① 基本误差：指仪表在规定的正常条件下使用时所具有的误差，它是仪表本身所固有的，是由于仪表在结构上和制作上的不完善而产生的误差。例如，轴承里的摩擦、刻度划分不精密、活动部分不平衡等原因引起的误差都属于基本误差。

仪表的正常工作条件是指：

a. 仪表指针调整到零点；

b. 仪表按规定的工作位置安放；

c. 仪表在规定的温度、湿度下工作；

d. 除地磁场外，没有外来电磁场；

e. 对于交流仪表，电流的波形是正弦波，频率为仪表的正常工作频率。

② 附加误差：当仪表不是在规定的正常条件下工作时，除基本误差外，还会产生附加的误差，称为附加误差。例如，外磁场的影响、周围环境的温度不符合规定、仪表使用的频率过高等都会引起附加误差。

（2）根据引起测量误差的原因，一般可以将测量误差分为三大类。

① 系统误差：在测量过程中所产生的一些误差，假如它们的值是固定不变的，或者遵循一定的规律变化，那么就称这种误差为系统误差。系统误差是由于仪器不完善、使用不恰当或测量方法采用了近似公式及外界因素（如温度、电场、磁场等）等原因所引起的。这种误差有的可以用试验方法检查出来并消除掉，有的可以计算出来。

系统误差决定了测量的准确度，系统误差越小，测量结果越准确。

② 随机误差：随机误差也称为偶然误差。但在同一条件下对同一对象重复进行测量时，在极力消除一切明显的系统误差之后，每次测量结果仍会出现一些无规律的随机性变化，如果测量仪器的灵敏度或分辨能力足够高。那么就可以观察到这种变化。这种误差是由于周围环境对测量结果的影响，如电磁场的微变、热起伏、空气扰动、大地微震等所引起的。由于存在随机误差，即使在相同条件下，多次重复测量同一个量所得到的结果也是不相同的。随机误差就个体而言是没有确定的规律的，是难以估计的。然而，如果在同一条件下对同一个量进行多次重复测量时（即进行一系列等精度测量），可以发现这一系列测量中出现的随机误差总体来说服从统计规律。随着测量次数的增加，随机误差的算术平均值将逐渐趋近于零。因此，可以通过取各次测量值的算术平均值来减小随机误差对测量结果的影响。

随机误差决定了测量的精密度，随机误差越小，测量结果的精密度就越高。

（3）疏失误差

由于测量过程中操作、读数、记录和计算等方面的错误而引起的误差称为疏失误差。很显然，含有疏失误差的试验数据是不可靠的，应当舍去。为避免这类误差，要求实验者细心操作，认真读取和记录试验数据。在可能的情况下，最好由不同的观测者对同一测量值多次读数。

2. 表示形式

通常，误差有绝对误差、相对误差、引用误差三种表示形式。

（1）绝对误差

绝对误差等于测量值与被测量实际值之差，即

$$\Delta = A_x - A_0$$

式中，Δ 为绝对误差，A_x 表示测量值，A_0 表示被测量的实际值。

绝对误差是具有确定的大小、符号及单位的一个量。其数值的大小表明了测量值偏离实际值的程度，偏离越大误差也越大；符号说明了测量值偏离实际值的方向，即测量值比实际值大还是小；而单位与被测量的单位相同。

但绝对误差的表示方法不能确切地反映出测量的准确度。例如，测量两个电阻，其中一个电阻 $R_1 = 100\Omega$，误差 $\Delta R_1 = 1\Omega$；另一个电阻 $R_2 = 10\,000\Omega$，误差 $\Delta R_2 = 10\Omega$。可以看出，虽然 R_2 的绝对误差比 R_1 的绝对误差大 10 倍，但是 R_2 的误差相对于 $10\,000\Omega$ 来说仅占 0.1%，而 R_1 的误差 1Ω 相对 100Ω 来说却占 1%，显然，测量 R_2 的准确度反而比测量 R_1 的准确度高。所以测量不同大小的被测量时，用绝对误差难以比较测量结果的准确度，这时要用相对误差来表示。

（2）相对误差

相对误差等于绝对误差 Δ 与被测量的实际值 A_0 之比，通常用百分数表示，即

$$\gamma = \frac{\Delta}{A_0} \times 100\% \approx \frac{\Delta}{A_x} \times 100\%$$

在实际计算中，式中 A_0 可近似地用 A_x 代替。例如，一只量限为 0～10A 的 0.5 级电流表，当指针在 5A 刻度时，若该刻度的实际值为 5.02A，则该刻度的相对误差为

$$\gamma = \frac{I - I_0}{I_0} \times 100\% = \frac{5 - 5.02}{5.02} \times 100\% = -0.398\%$$

或

$$\gamma = \frac{I - I_0}{I_0} \times 100\% = \frac{5 - 5.02}{5} \times 100\% = -0.4\%$$

相对误差通常用来衡量测量的准确度，相对误差越小，准确度越高。在工程上凡是要求测量结果的误差或估计测量结果的准确度时，一般都用相对误差来表示。

但是用相对误差来表示指示仪表的准确度时，有许多不便之处。因为指示仪表用来测量某一规定范围（通常称为量限）内的被测量，而不是只测量某一固定大小的被测量。这样一来，被测量的数值不同时，计算 γ 的分母也不同，则其测量的相对误差也随着改变。因此，在实际工作中，为了命名、计算和划分指示仪表的准确度等级方便，通常选取仪表的测量上限作为分母，由此又引出了引用误差的概念。

（3）引用误差

引用误差就是绝对误差 Δ 与仪表的测量上限 A_m 的比值，通常用百分数表示，即

$$\gamma = \frac{\Delta}{A_m} \times 100\%$$

根据国家标准（电测量指示仪表通用技术条例）的规定，引用误差用来表示仪表的基本误差，它表示仪表的准确度的等级。

3. 有效数字

在测量和数字计算中，确定用几位数字来代表测量或计算的结果是很重要的。如果认为在一个数值中小数点后面的数字越多，准确度就越高，这种想法是错误的，因为小数点的位置并不是决定准确度的标准，小数点的位置仅与所用单位的大小有关。例如，电压为 34.4V与 0.0344kV 的准确度完全相同。

如果认为在计算结果中保留的位数越多准确度便越高，这种想法也是错误的，因为准确度的高低取决于实际测量的准确度，而数字的位数应与测量的准确度一致。

例如，用 50V 的电压表测量电压时，读数为 34.4V，前面两位数"3"和"4"是准确可靠的，称为可靠数字，而最后一位数字"4"是估计读出来的，称为可疑数字或欠准数字，两者合起来称为有效数字。对于 34.4V 这个数字来说，有效数字的位数是三位。

通常做测量记录时，每一数据都只应保留一位欠准数字，即最后一位前的各位数字都必须是准确的。

（1）数字"0"

关于数字"0"，要特别注意，它在数码中所处的位置决定了"0"是否是有效数字。

① 中间零是有效数字，如 30.04Ω有四位有效数字。

② 开头零不是有效数字，如 0.0344kV，其中前面两个零就不是有效数字，因为它们仅与所选取的测量单位有关，只要将测量单位改变，这些开头零也就随之消失了。这是因为0.0344kV=34.4V，可见有效数字只有三位。

③ 至于数字末尾上的零，是否为有效数字其意义是不明确的。例如，电阻 480 000Ω，其后四个零中究竟有几个有效数字呢？如果认为此电阻在 479 999Ω和 480 001Ω之间，则共有六位有效数字。可是，如果认为此电阻在 470 000Ω和 490 000Ω之间，则只有两位有效数字，后面的四个零都不是有效数字。为了消除这种不确定性，在书写时要根据具体情况写成 10 的乘幂的形式。例如，写成 $4.8 \times 10^5 \Omega$ 表示有两位有效数字，而写成 $4.80 \times 10^5 \Omega$ 则表示有三位有效数字，末一个零为可疑数字，其余类推。

（2）有效数字的运算法则

① 加减运算。

例：13.65+0.008 23+1.633=？

首先对加减中的各项修约，使各数修约到比小数点后位数最少的那个数多保留一位小数。其中 13.65 为小数点后有两位。修约 0.008 23 为 0.008，1.633 不变，则 13.65+0.008+1.633=15.291，对计算结果进行修约，使其小数点后的位数与原各项中小数点后位数最少的那个数相同。所以上述计算结果应取 15.29。

若仅有两个数的加减，应把小数点后位数多的那个修约到与小数点后位数少的那个数的位数相同。

例：15.436-10.2=？

将 15.436 修约到保留一位小数，得 15.4，故 15.4-10.2=5.2。

② 乘除运算。

例：0.0121×25.64×1.057 82=？

首先对乘除中的各项进行修约，使各数修约到比有效数字位数最少的那个数多保留一位有效数字。其中 0.0121 为三位有效数字。修约 1.057 82 为 1.058，25.64 不变，则 0.0121×25.64×1.058=0.3282，对计算结果进行修约，使其有效数字的位数与有效数字位数最少的那个相同。所以上述计算结果应取 0.328。

若有效数字最少的数据中的第一位为"8"或"9"，则在计算结果中有效数字的位数可比它多取一位。

例：0.9×1.2×36.1=?

其中 0.9 的有效数字最少，故计算结果的有效数字可比它多一位，即有效数字位数为 2，故有 0.9×1.2×36.1=39。

4．准确度

（1）仪表的准确度

仪表的准确度是用来表示基本误差大小的。仪表的准确度越高，则其基本误差越小。仪表在规定条件下工作时，在它的标度尺工作部分的所有分度线上，可能出现的基本误差的百分数值，称为仪表的准确度等级。

仪表的准确度等级分为七级，即 0.1，0.2，0.5，1.0，1.5，2.5，5.0 级。各级准确度的指示仪表在规定条件下使用时的基本误差不应超出表 3-3 所示定的值。

表 3-3　仪表的准确度等级和对应的基本误差

准确度等级	0.1	0.2	0.5	1.0	1.5	2.5	5.0
基本误差	±0.1	±0.2	±0.5	±1.0	±1.5	±2.5	±5.0

设仪表的准确度等级为 K，则其基本误差可表示为 $\pm K\%$。例如 1.0 级仪表，即 $K=1.0$，故其基本误差为 $\pm 1.0\%$。

对于常用的单向标度尺的指示仪表，仪表的准确度等级的百分数（即 $\pm K\%$）也就是该仪表在规定条件下使用时允许的最大引用误差 γ_m 的数值，即

$$\pm K\% = \frac{\Delta_m}{A_m} \times 100\% = \gamma_m$$

式中，Δ_m 是以绝对误差表示的最大基本误差，A_m 是测量上限，γ_m 为最大引用误差，$\Delta = A_x - A_0$，Δ 为绝对误差，A_x 表示测量值，A_0 表示被测量的实际值，$\gamma = \frac{\Delta}{A_m} \times 100\%$。

【例 3-1】 检定某电压表，其量限为 0～250V，该仪表指示值为 100V 处误差最大，其值为 $\Delta_m = 3V$，试确定该表属于哪一级？

解：已知量限 $A_m = 250V$，$\Delta_m = 3V$，根据准确度的计算公式可得

$$\frac{\Delta_m}{A_m} \times 100\% = \frac{3}{250} \times 100\% = 1.2\%$$

因为　　　　　　　　　　　　　　1.0<1.2<1.5

所以　　　　　　　　　　　　　　$K=1.5$

因此，该量限为 250V 的电压表的准确度等级属于 1.5 级。

（2）测量误差的估计

在应用仪表进行测量时，可根据仪表的准确度等级来估计测量结果的误差。由准确度等级的计算公式可知，在应用仪表进行测量时可能产生的最大绝对误差为

$$\Delta_m = \pm K\% \times A_m$$

由此可求出应用该表测量时，若读数为 A_x，则测量结果可能出现的最大相对误差为

$$\gamma = \frac{\Delta_m}{A_x} \times 100\% = \pm \frac{K\% \times A_m}{A_x} \times 100\%$$

【例 3-2】 用量限为 0～10A、准确度为 0.5 级的电流表，分别测量 10A 和 5A 电流，求测量结果的最大相对误差。

解：由

$$\gamma = \frac{\Delta_m}{A_x} \times 100\% = \pm \frac{K\% \times A_m}{A_x} \times 100\%$$

得，测量 10A 时：

$$\gamma_1 = \pm \frac{0.5\% \times 10}{10} \times 100\% = \pm 0.5\%$$

测量 5A 时：

$$\gamma_2 = \pm \frac{0.5\% \times 10}{5} \times 100\% = \pm 1.0\%$$

由例 3-2 的分析过程和结果可知，当仪表的准确度等级给定时，所选仪表的量限越接近被测量值，测量结果误差就越小。当仪表使用在满刻度时，测量结果的相对误差才等于仪表的准确度等级。如果所选仪表的量限比被测量大许多，就会使测量结果产生很大的误差。一般来说，为充分发挥仪表的准确度，被测量值应大于仪表测量上限的 2/3，也就是说，仪表在使用时，应工作在标度尺的 2/3 以上部分。

（3）其他描述方式

除了用误差表示测量结果与被测量的真实值之间的偏离程度，用准确度等级表示仪表指示值与被测量的真实值之间的偏离程度外，还可以用精密度、精确度、灵敏度、分辨率等对测量结果进行说明。

精密度用来说明仪表指示值的分散性，即针对某一稳定的被测量，由同一测量者使用同一仪表，在相同的测量条件下，短时间内重复测量多次，其测量结果（指示值）分散的程度。

精确度是精密度与准确度的综合结果。在最简单的情况下，可以取两者的代数和，通常以测量误差的相对值来表示。精确度高，意味着精密度和准确度也比较高。

灵敏度是指仪器仪表指示值的变化量与相应被测量真实值的变化量之间的比值。

分辨率是指仪器仪表指示值所能反映的被测量的最小变化值。

第4章 安全用电常识

4.1 触电

电在我们的生活、工作和科学研究中到处可见，尤其是在实验室，电更是必不可少的。当人体接触到带电体时，就会发生触电事故，触电给人体带来的伤害有电伤和电击两类。电伤是对人体体表造成的伤害，虽然一般不会危及生命安全，但是可能对皮肤造成不可修复的创伤。电击则是危及生命安全的严重事故。触电事故一般分为直接接触触电事故和间接接触触电事故。

在仪器设备、电源开关上可以见到这样的警告标识——"小心触电！"或"高压危险！"实际上，电压并不是造成伤害的决定因素。当人们开车门、脱下毛衣、两个人握手时，都可能遇到静电电击的情形，在黑暗里可以看到电火花，或者听到"啪啪啪"的放电声。当感觉到电击的时候，我们身上的静电电压已经超过2000V，当看到电火花时，则已经超过3000V，如果听到"啪啪啪"的放电声，静电电压更是高达7000V。这么高的电压却没有发生什么危险，那么到底是什么因素造成了电击伤害呢？

触电事故伤害发生的危险程度与很多因素有关，如通过人体电流的大小、电流通过人体的持续时间、电流通过人体的不同途径、电流的种类与频率的高低、人体电阻的高低等。其中，通过人体电流的大小和电流通过人体的持续时间长短是最主要的因素。电流强度越大，对人体产生的危害越大；电流通过人体的持续时间越长，对人体产生的危害越大。如果发生触电事故时是触碰到了直流电，接触时间越长，人体电阻减小越严重，受到的伤害也越严重。如果电流流经人体的途径中包含心脏或控制大脑供氧的神经和肌肉，危害性就会非常大，最危险的电路路径是由胸部到左手，而从脚到脚则是危险性比较小的路径。例如，电流通过头部会致人昏迷；电流通过脊髓可能致人肢体瘫痪；电流通过心脏、呼吸系统和中枢神经会致人精神失常、心跳停止、血液循环中断，最容易发生触电死亡事故。同样大小的交流电流比直流电流造成的伤害更严重，交流电流中频率为40～60Hz的最危险，随着频率升高，危险性反而会降低。表4-1所示为不同电流流经人体时人的生理反应。

表4-1 不同电流流经人体时人的生理反应

生 理 反 应	电 流
刚刚察觉	3～5mA
手摆脱电极已感到困难，手指关节有剧痛感	8～10mA
手迅速麻痹，不能自动摆脱电极，呼吸困难	20～25mA
极端痛苦	35～50mA
肌肉麻痹、呼吸困难、心室震颤	50～100mA
呼吸麻痹、心室震颤	100～200mA
严重烧伤、严重肌肉收缩	200mA 以上

从表 4-1 中可以看出,发生触电事故时影响伤害程度的重要因素是电流而不是电压。但是常见的警告标识一般为"高压——危险!"字样,这是因为触电前无法计算出流经人体的电流大小才这样标识的。根据欧姆定律 $I=U/R$ 可知,流经人体的电流与人体电阻和外加电压有关。人体电阻并不是恒定值,一般情况下为 1000~3000Ω,尽管最高可达 5000Ω,但是影响人体阻值大小的因素非常多,如皮肤潮湿出汗、人体受到电击的部位、面积和压力,衣服和鞋袜的潮湿、油污等情况,都会使人体电阻降低。另外,大多数电源产生恒定不变的电压,而不是电流。从测量的难易程度来看,电功率的产生和分配方式决定了电压比电流更容易测量。因此,为了确定安全条件,保证人身安全,通常用电压数值表明是否安全。

根据我国国家标准 GB 3805—1983 的规定,我国的安全电压分为 42V、36V、24V、12V和 6V 五个等级。环境条件不同时,对应的安全电压也不相同。干燥、触电危险性比较小的环境条件下,安全电压规定为 36V;潮湿、触电危险性比较大的环境条件下,如金属容器内部操作、管道内施工等,安全电压规定为 12V。这样,发生触电事故受到电击伤害时,流经人体的电流就可以限制在比较小的范围内,就可以在一定程度上保障人身安全。

4.2 安全措施

发生触电事故受到电击伤害的主要原因在于电流,那么安全防护就要从降低流经人体的电流入手。根据欧姆定律,可以从降低触电电压和增大包含人体在内的通路电阻来降低流经人体的电流。首先,在用电和操作电气设备时,千万避免身体直接接触安全电压级别以上的高电压,在检修和操作电路前一定要先切断电源。在需要带电操作的场合,用手指背部点式触碰需要操作的位置,因为触电后人体的自然生理反应是肌肉收紧握拳,这样就可以在发生触电时离开带电位置。其次,增大包含人体在内的通路电阻,如穿干燥的绝缘鞋、戴绝缘手套等。如图 4-1 和图 4-2 所示,鸟的身体并未形成电流通路,所以不会触电;当人光脚或穿着潮湿的鞋时,则通过与大地相连形成了电流通路,所以会触电;当人穿着绝缘鞋时,人体与大地绝缘,不能形成电流通路,就不会发生触电事故。

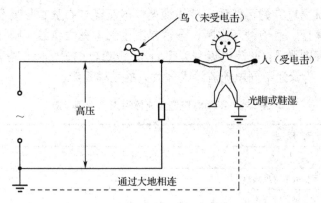

图 4-1　人体通过与大地相连形成电流通路导致触电事故

上述方法只适用于一般高压的场合,极高电压电场下还存在一些特殊的危险,即使不接触带电物体也会发生危险,如跨步电压导致的触电事故等,所以没有特殊安全防护知识和装备的时候应远离高压电场。

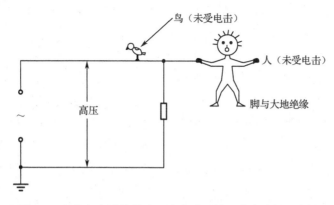

图 4-2 人体与大地绝缘未形成电流通路不会发生触电事故

　　实验室的仪器设备在设计和安装方式上都已充分考虑了安全问题，在很大程度上避免了直接接触触电事故发生。只要在实验操作中不随意碰触电路实验平台之外的交流电源等部分，一般是不会发生直接接触触电事故的。但是，随着实验仪器设备使用时间的增长，绝缘老化也会产生漏电现象，这时就很容易发生间接接触触电事故。为此，实验室的仪器设备通常采用保护接零与漏电保护两项安全措施。

　　实验室操作需要采取的安全措施在"实验室规则"和"安全操作规程"中有详细介绍。在实验前认真仔细地阅读《实验室安全手册》中的相关内容，并严格遵守相关规定。发生触电事故或异常现象（异味、冒烟、打火花、异常声响等）时，立即切断电源，保护现场，报告安全负责人进行处理。一旦发生人员触电，身边人员应立即切断电源，如果离电源切断开关位置很远，则应立即用绝缘体迅速使触电者脱离电源。特别要注意以下五点。

　　（1）充分了解实验平台的配电情况，不擅自触及总电源配电盘，未经允许不动用与本次实验无关的仪器设备。

　　（2）不要带电连接或改接线路，要先接线后合电源，先断电后拆、改线路。

　　（3）操作中不要用手触及任何带电部位，如不绝缘的金属导线或连接点。

　　（4）如果必须带电操作，用手指背部点式触碰需要操作的位置，确定安全后再进行操作。

　　（5）对于交流实验或任何有特定要求的实验线路，一定要经过指导教师检查线路，得到允许才可以通电。

　　总之，实验前充分预习，掌握实验室仪器设备的使用方法和注意事项，养成良好的操作习惯，是实验得以安全进行的保障。

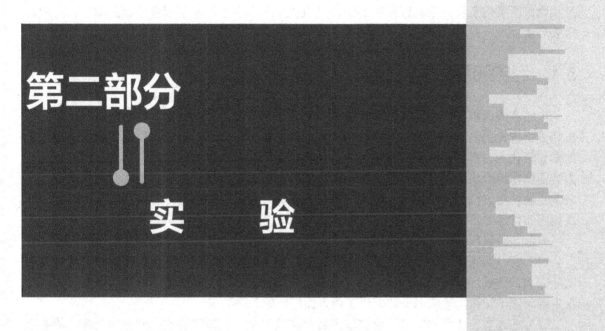

第二部分

实　验

第5章 实 验 概 述

电路实验是电类专业基础性实践教学课程，是工科电子、通信、自动化、计算机、电气及生物医学类的主要专业基础课程之一，是电类专业学生学习和掌握各种相关知识、技能的重要环节。

5.1 目的和要求

电路实验课程在教学内容方面侧重基本知识、基本理论和基本实验方法的讲解，在掌握电路分析理论的基础上，通过实验教学，加深对电路理论知识的进一步理解和巩固，把抽象的知识转化为与实际相结合的知识，为进一步学习提高打下有利的基础；同时在培养实践能力方面侧重综合设计能力的基本训练，通过实验课的锻炼，能够掌握一些电工测量仪器、仪表的正确使用方法和使用技巧，以及对实验数据进行后处理的正确方法，具备分析问题、解决问题和排除电路故障的能力，并在实验过程中培养实事求是的科学实验作风。

电路实验课程的具体目的和要求如下。

（1）通过实验课程的学习，能够正确理解各实验的实验原理，能正确理解验证性实验的实验方案，能够正确设计综合性、设计性实验的实验方案，较系统地掌握本专业领域宽广的技术基础理论知识，适应电子和信息工程方面广泛的工作要求。

（2）通过实验课程的学习，能够掌握各类实验方法，获得实验技能的基本训练。能够正确使用电压表、电流表、万用表、稳压电源、稳流电源、信号发生器和交流毫伏表，初步学会使用普通示波器等电子仪器和设备。学会电压、电流的测量，学会电阻等各种参数的测量。初步学会功率的测量、信号波形的观察方法等。

（3）通过实验课程的学习，能够正确布局和连接实验电路，认真观察实验现象和正确读取数据，具有初步分析、判断能力，能够初步分析和排除简单的故障。通过综合性、设计性实验，提高设计、安装、调试等动手能力，提高综合运用所学的知识分析问题、解决问题的能力，同时具有较强的理论基础和动手实践能力，具有较好的理论联系实际、解决实际问题的能力，具备电路分析与设计的能力。

（4）掌握基本的实验设计创新方法，培养追求创新的态度和意识，能够自我学习、不断探索、与时俱进、适应当前社会的发展。

（5）树立正确的设计思想，了解国家有关的经济、环境、法律、安全、健康、伦理等政策和制约因素，能够了解和遵守本行业的相关法律法规，具有较好的从业道德。

（6）通过实验课程的学习，培养工程实践学习能力，能够运用标准、规范、手册、图册、互联网等查阅有关技术资料，写出合乎规格的实验报告，正确绘制实验所需的图表，具有对实验结果进行初步分析和解释的能力。

（7）通过实验课程的学习，了解电子设备和信息系统的发展趋势和前沿技术，培养文献检索、资料查询能力，培养研究、开发新系统、新技术的能力，培养科学研究能力，能够在相关学科及相关交叉领域进行深入学习、工作和科学研究。

5.2 预习和总结

实验能否顺利进行和达到预期的效果，在很大程度上取决于预习工作的好坏。在预习中，一般要做到以下几点。

（1）仔细阅读相关章节，针对涉及的理论知识复习电路理论课程的相关内容。如果遇到未学过的知识或没有完全弄清楚的知识，需要通过查阅图书馆资料、网上检索相应资料等方式在实验前尽量理解并掌握。

（2）明确实验的目的和要求，了解实验操作过程及方法，仔细阅读实验注意事项。

（3）了解实验所需的元器件、仪器设备及其使用方法。

（4）仔细阅读实验报告的填写要求，并按照要求完成实验预习报告。绘制电路图需用铅笔，并在图中标明实验所用参数等内容。如果有计算，需要在计算过程中列出主要的计算公式和计算结果。

（5）设计性实验要先进行计算机仿真，将仿真结果和调试好的参数记录下来，并编制实验数据记录表格。

（6）报告中不能把内容写得太笼统和简单，要具体、完整，也不要写对实验操作无指导意义的内容。

为了更好地理解和掌握实验相关理论与实验操作技能，实验结束后需要及时做好总结。在总结报告中，一般包含以下内容。

（1）实验中使用的仪器设备的名称、规格。

（2）整理实验数据并进行相应的分析、计算、绘图等工作。在计算过程中需列出主要的计算公式和计算结果。绘制曲线需要在坐标纸上完成，标明坐标系名称、坐标单位等，比例尺尽量选择1，2，5或10的倍数。不同的曲线对应的数据点要用不同的符号标明，如"*"、"×"或"。"等，线形也要有区别，如"——"、"……"等。不必强求曲线经过所有的实测数据点，应使曲线均匀光滑，未被曲线通过的点尽量分布在曲线的两侧。坐标纸绘图实例如图5-1所示。

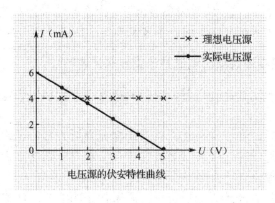

图 5-1 坐标纸绘图

（3）得出实验结论，正确回答实验报告中提出的问题。

（4）总结实验的心得体会，提出对实验方案及操作方法等的改进意见。尤其是在设计性

实验的总结报告中，应详细总结实验设计和调试过程中成功和失败的经验。

（5）实验报告的内容要简洁、完整和真实，用精练的语言进行叙述，条理清晰，层次布局合理，书写工整，覆盖实验过程及结果分析的全部内容，并且尊重原始测量数据，不可伪造。

5.3 实验操作

5.3.1 操作方法

良好的工作方法和操作程序是实验有效、安全、顺利进行的先决条件。因此，实验应按下列程序进行。

1．检查仪器设备

实验前，应首先检查仪器、仪表的类型、规格、量程是否符合实验规范，仪表是否指零，不指零的要调整到零点。要了解仪器设备的性能和使用方法。

2．连接电路

（1）合理布局

实验设备的布置应遵循安全、整齐、便于操作和读取数据、避免相互影响的原则。

（2）连接线路

① 要接好一个线路，首先应分析电路的结构特点，不同电路采取不同的接线方法，一般是先串后并或先分后合。

先串后并，即先把串联回路接好，再接并联支路。

先分后合，即先把各个回路接好，然后把它们连接起来。

② 走线要合理，导线的数量以最少为好。导线不要从仪表上跨过，尽量避免在一个接线柱上有三个以上的接头（这样容易脱落），电表接线柱一般只准接一根导线（这样可以保护电表）。

③ 一般电源都有隔离开关，仪器设备有极性。因而接线最好从电源的一极开始，循着主回路到电源的另一极，然后接并联支路。不要从电路中的某一点开始接线。

3．正确操作，观察实验现象，测量并记录数据、波形

（1）接通电源前，一定要将分压器、自耦变压器调整到输出为零的位置。元件参数要按照实验的要求调整好。

（2）上述工作完成后，要反复检查，直至确定无误后方可接通电源。接通电源时，要观察有无异常现象，如有无异味，仪表（尤其注意直流毫安表和功率表）是否过载，如果发现异常要立即断电进行处理。

（3）读仪表时，应首先计算表盘上每一分度所代表的数值。如果表盘上有反光镜，读表时应使指针与其影子重合。

（4）实验做完后，先将实验数据交指导教师检查通过后再拆线。拆线前，一定要把分压器、自耦变压器退回起始位置，断开电源。最后，把实验设备摆放整齐、实验用线理好方可离开。

4．人身与设备安全

实验前认真预习，仔细阅读实验室规则和安全操作规程的内容，并严格遵守相关规定。发生触电事故或异常现象（如异味、冒烟、打火花、异常声响等）时，立即切断电源，保护现场，报告指导教师处理。特别要注意以下几点。

（1）人身安全

① 充分了解实验平台的配电情况，不擅自触及总电源配电盘，未经允许不动用与本次实验无关的仪器设备。

② 不要带电连接或改接线路，要先接线后合电源，先断电后拆、改线路。

③ 操作中不要用手触及任何带电部位，如不绝缘的金属导线或连接点。

④ 如果必须带电操作，用手指背部点式触碰需要操作的位置，确定安全后再进行操作。

⑤ 交流实验或任何有特定要求的实验线路，一定要经过指导教师检查线路，得到允许才可以通电。

（2）设备安全

① 对于任何实验设备，在未了解其性能和使用方法前，不要随意使用。

② 注意仪器设备的量限、容量等性能参数。

③ 搬动仪器设备时要轻拿轻放。

5.3.2 实验室规则

大连理工大学 2008 年 10 月修订的实验室规则主要包含以下两方面内容。

1．学生实验守则

（1）学生要按预定时间进行实验。做好实验前的预习准备工作，凡没有预习者一律不得参加实验。

（2）严格遵守实验室的各项规章制度，遵守纪律，保持室内安静、整洁。

（3）服从指导教师的指导，严格按照操作要求做好实验准备，待指导教师检查许可后，方可启动仪器设备。禁止动用与实验无关的仪器设备，凡因违反操作规程而损坏仪器设备者，须按照我校有关规定进行赔偿。

（4）实验过程中，要认真观察，详细记录相关实验数据，不许抄袭他人的实验数据，不允许擅自离开操作岗位。如果发现仪器异常或机器故障，应立即切断电源或停止实验，并及时报告指导教师。

（5）实验完毕应及时将仪器设备及其他用具归放原位，待指导教师检查合格后方可离开。严禁将实验室物品带出实验室。

（6）学生要进入开放实验室做自行设计的实验时，应事先和有关实验室联系，报告自己的实验目的、内容和所需实验仪器，经同意后，在实验室安排的时间内进行实验。

（7）学生因某项实验不合格需重做者，或未按规定时间做实验而要补做者，必须交纳实验仪器设备折旧费、实验器材和水电消耗费。

（8）学生实验结束，须留一组人员清扫实验室。经教师检查合格后方可离开实验室。

2. 实验室安全与环保制度

（1）做好实验室的技术安全、环境保护和消防工作是关系到人身和财产安全的大事，是确保学校教学和科研工作正常进行的前提条件。实验室工作人员及参加实验的人员必须认真学习有关安全条例和安全制度。

（2）实验室内安全设施、标志必须齐全有效。

（3）实验室内贵重、精密、稀缺仪器应有专人管理、使用和保养。特种作业人员要持证上岗。

（4）实验室内易燃、易爆、剧毒、放射性物品要按有关规定由专人保管和使用，不得任意乱放。

（5）做危险性实验时必须由实验室主任批准，有两人以上在场方可进行，节假日和夜间严禁做危险性实验；有危害性气体的实验必须在通风橱里进行；做放射性、激光等对人体危害较重的实验时，应制定严格的安全措施，做好个人防护。

（6）对废气、废物、废液，应按照有关规定妥善处理，不得随意排放，不得污染环境。新建、扩建、改建实验室时必须将有害物质、有毒气体的处理列入工程计划一起施工，妥善处置。

（7）实验室内严禁烟火、严禁食宿、严禁存放个人钱物。

（8）实验涉及经济保密、公文保密和国防保密的，要按有关部门的规定执行。未经许可，严禁无关人员进入实验室。

（9）实验室要设立安全员，负责督促检查本实验室安全工作。

（10）每日最后离室人员要负责水、电、气、门窗等的安全检查。

（11）实验中如果发生事故，应有急救措施，同时保护现场，并立即报告有关部门。

5.3.3 安全操作规程

根据学校要求及电路实验室的具体情况，学生实验时应遵守如下安全操作规程。

（1）实验室电源总开关只能由指导教师操作，学生不可操作。

（2）接线前，学生必须检查实验用导线是否完好，实验中严禁使用破损的导线。

（3）实验过程中学生必须将长发束起，保持手部干燥，不可戴手链，并单手（右手）操作，防止触电引起人身事故。

（4）实验过程中学生必须保持实验台面干净、整洁。

（5）实验中所有接线学生必须自行核对，然后请教师检查，未经教师同意不可接通电源。如果未经教师许可而擅自通电造成设备损坏，学生必须赔偿，责任由肇事者自负；如果教师检查后出现设备损坏，责任由教师承担。

（6）学生必须保证所有接线十分牢固，防止实验过程中线头脱落造成碰线、短接、开路等故障。

（7）在电路通电情况下，学生不可用手接触电路中不绝缘的金属导线或连接点。

（8）实验过程中如果学生要更改接线，必须先断开电源，临时断开的导线必须完全拆除，严禁一端悬空。

（9）实验中如果遇到事故或发生反常现象，学生必须立即切断电源并报告教师。

（10）学生不可用电流表和万用表的电流、电阻挡测电压，以防止损坏仪表。

（11）实验时学生必须认真仔细，爱护公物，注意安全，不要随便动用与本实验无关的仪器设备。

（12）学生实验完毕后，必须请指导教师检查实验结果。全部实验结束后，学生必须先切断电源，再拆除接线，并请指定的实验室工作人员检查仪器是否完好，确认后方可离开实验室。

（13）实验室的各类器材、元件不得擅自带出，私人物品（如书包、各类无线电器材、元件等）未经允许一律不得带进实验室。

5.4 故障分析与处理

实验中常会遇到因断线、接错线等原因造成的故障，使电路工作不正常，严重时还会损坏设备，甚至危及人身安全。

处理故障的一般步骤如下。

（1）若出现严重短路或其他可能损坏设备的故障时，应立即切断电源，查找故障，不属于上述情况者可以用电压表带电检查，一般首先检查接线是否正确。

（2）根据出现的故障现象和电路的具体结构判断故障的原因，确定可能发生故障的范围。

（3）逐步缩小故障范围，直到找出故障点为止。

检查电路故障时可以用以下两种方法。

（1）电压表法：使用电路正常工作的电源电压或降低电源电压，用电压表测量可能产生故障的各部分电压。根据电压的大小和有无判断电路是否正常。

（2）欧姆表法：断开电源，检查各支路是否连通，元件是否良好。

第6章 实验项目

6.1 元件参数测量——直流

1．实验目的

（1）学习测量线性和非线性电阻元件伏安特性的方法。

（2）学习绘制伏安特性曲线。

（3）学习元件参数的测定方法。

2．实验要求

（1）能够正确连接直流电路。

（2）掌握电路实验平台及实验仪器仪表的使用方法。

（3）掌握直流电压表、电流表的使用方法。

（4）掌握电压、电流的测量方法。

3．实验原理

二端电阻元件的伏安特性是指元件的端电压与通过该元件电流之间的函数关系。通过一定的测量电路，用电压表、电流表可测定电阻元件的伏安特性，由测得的伏安特性可了解该元件的性质。通过测量得到元件伏安特性的方法称为伏安测量法（简称伏安法）。把电阻元件上的电压取为纵（或横）坐标、电流取为横（或纵）坐标，根据测量所得数据画出电压和电流的关系曲线，称为该电阻元件的伏安特性曲线。

（1）线性电阻元件

线性电阻元件的伏安特性满足欧姆定律。在关联参考方向下，可表示为：$U=IR$，其中 R 为常量，称为电阻的阻值，它不随其电压或电流的改变而改变，其伏安特性曲线是一条通过坐标原点的直线，具有双向性，如图 6-1（a）所示。

（2）非线性电阻元件

非线性电阻元件不遵循欧姆定律，它的阻值 R 随着其电压或电流的改变而改变，即它不是一个常量，其伏安特性是一条通过坐标原点的曲线，如图 6-1（b）所示。

4．实验内容

（1）用伏安法测定线性电阻元件的伏安特性，得出线性电阻元件的参数。

（2）用伏安法测定非线性电阻元件的伏安特性，得出非线性电阻元件的参数。

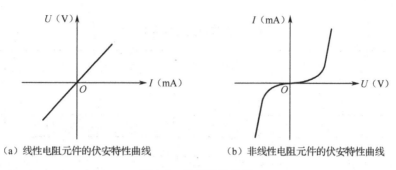

（a）线性电阻元件的伏安特性曲线　　　　　（b）非线性电阻元件的伏安特性曲线

图 6-1　伏安特性曲线

5. 主要仪器设备

主要仪器设备见表 6-1。

表 6-1　仪器设备

名　　称	型号或规格
电路实验平台	SBL-1 型
电阻	510Ω
白炽灯	12V，0.1A
九孔方板	—
二极管	1N4007
导线	—

6. 实验步骤及操作方法

（1）测量线性电阻元件的伏安特性

按图 6-2 接线，取 R_L=51Ω，U_s 用直流稳压电源，先将稳压电源输出电压旋钮置于零位。

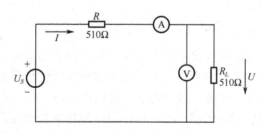

图 6-2　线性电阻元件的实验线路

调节稳压电源输出电压旋钮，使电压 U_s 分别为 0V、1V、2V、3V、4V、5V、6V、7V、8V、9V、10V，并测量对应的电流值和负载 R_L 两端电压 U，数据记入表 6-2。然后断开电源，稳压电源输出电压旋钮置于零位。

（2）测量非线性电阻元件（白炽灯）的伏安特性

按图 6-3 接线，实验中所用的非线性电阻元件为 12V/0.1A 白炽灯。

表 6-2　线性电阻元件实验数据

U_s（V）	0	1	2	3	4	5	6	7	8	9	10
I（mA）											
U（V）											
$R=U/I$（Ω）											

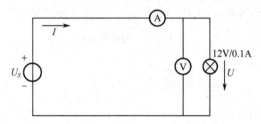

图 6-3　非线性电阻元件的实验线路

调节稳压电源输出电压旋钮，使其输出电压分别为 0V、1V、2V、3V、4V、5V、6V、7V、8V、9V、10V、11V、12V，测量相对应的电流值 I 及白炽灯两端电压 U，将数据记入表 6-3 中。断开电源，将稳压电源输出电压旋钮置零位。

表 6-3　非线性电阻元件实验数据

U_s（V）	0	1	2	3	4	5	6	7	8	9	10	11	12
I（mA）													
U（V）													
$R=U/I$（Ω）													

（3）测量其他非线性电阻元件的伏安特性

自行设计实验电路、安排实验步骤和操作方法、绘制实验数据表格，测量其他非线性电阻元件的伏安特性，如二极管等。

7．实验数据及处理

（1）根据步骤一测得的实验数据，计算线性电阻元件的电阻值。

（2）根据步骤一测得的实验数据，在坐标纸上绘制出线性电阻元件的伏安特性曲线。绘制时，先描绘出所有数据点，再用光滑曲线或直线连接各点。

（3）根据步骤二测得的实验数据，在坐标纸上绘制出非线性电阻元件（白炽灯）的伏安特性曲线。

（4）根据步骤三测得的实验数据，在坐标纸上绘制出非线性电阻元件（二极管或其他被测元件）的伏安特性曲线。

8．实验结果与分析

（1）比较不同电气元件的伏安特性曲线，得出什么结论？

（2）根据不同的伏安特性曲线的性质，分别称它们为什么电阻？

（3）从伏安特性曲线看欧姆定律对哪些元件成立？对哪些元件不成立？

（4）分析实验中误差产生的原因。

9．注意事项

（1）由于仪表的内阻会影响测量结果，因此必须注意仪表的合理接法。仪表的接法有两种，如图 6-4（a）和图 6-4（b）所示。

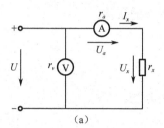 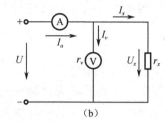

图 6-4　电流表内、外接法

在图 6-4（a）中，电压表的读数 $U_v = U_a + U_x$，电流表的读数 $I_a = I_x$。根据欧姆定律，被测电阻值 $r_x' = U_v/I_a$。所以所得结果为 r_x 与 r_a（电流表内阻）之和。如果 $r_x \gg r_a$，则由 r_a 引起的误差是很小的，故此线路适用于测量较大的被测电阻。

$$r_x' = \frac{U_a + U_x}{I_x} = r_a + r_x$$

在图 6-4（b）中，$U_v = U_x$，$I_a = I_v + I_x$，于是：

$$r_x' = \frac{U_x}{I_v + I_x} = \frac{1}{\dfrac{I_v}{U_x} + \dfrac{I_x}{U_x}} = \frac{1}{\dfrac{1}{r_v} + \dfrac{1}{r_x}} = \frac{r_v r_x}{r_x + r_v}$$

所得结果为 r_x 与 r_v（电压表内阻）相并联，它比被测电阻 r_x 小。如果 $r_x \ll r_v$，则由 r_v 引起的误差是很小的，故此线路适用于测量较小的被测电阻。

因此，用电压表和电流表测量电压和电流时，必须考虑仪表的接入对测量结果产生的影响，应该使其测量误差最小。

（2）电流表应串联在被测电流支路中，电压表应并联在被测电压两端。注意直流仪表"+"、"−"端钮的接线位置选择是否正确。

（3）使用测量仪表前，应注意检查量程和功能选择是否正确。

（4）实验过程中，直流稳压电源的输出端不能短路，以免烧毁仪器设备。

（5）记录数据时，要将仪表显示的实际数值记录下来，不可任意取舍。

6.2　独立电源外特性及其等效变换

1．实验目的

（1）测试并了解独立电源的外特性。

（2）验证实际电压源与实际电流源相互等效变换的条件。

2．实验要求

（1）能够正确连接直流电路。

（2）掌握电路实验平台及实验仪器仪表的使用方法。

（3）掌握直流电源、直流电表的使用方法。

（4）掌握电压、电流的测量方法。

3．实验原理

（1）理论上，理想电流源是一个二端理想元件。通过理想电流源的电流与两端电压无关，电流总保持为某给定的时间函数。直流理想电流源的伏安特性曲线（外特性）如图 6-5 所示。

（2）理论上，理想电压源是一个二端理想元件。理想电压源两端的电压与通过它的电流无关，电压总保持为某给定的时间函数。直流理想电压源的伏安特性曲线（外特性）如图 6-6 所示。

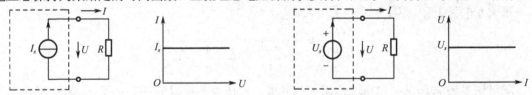

图 6-5　直流理想电流源及其外特性　　　　　图 6-6　理想电压源及其外特性

（3）一个实际电源，就其外部特性而言，既可视作电压源，也可视作电流源。实际电压源用一个理想电压源 U_s 与一个电阻 r_0 串联来表示，如图 6-7（a）虚框部分，称为戴维南电路。实际电流源用一个理想电流源 I_s 与一个电导 g_0 并联来表示，如图 6-7（b）虚框部分，称为诺顿电路。如果某实际电压源与某实际电流源等效，那么两者对等值的负载供出等值的电流，因而两电源的端电压也相等。也就是说，实际电压源与其等效的实际电流源具有相同的外特性。依此，实际电压源与实际电流源相互等效变换的条件为

$$I_s = \frac{U_s}{r_0} \text{ 和 } g_0 = \frac{1}{r_0}$$

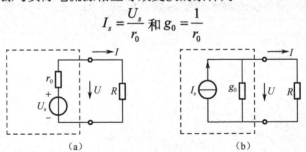

（a）　　　　　　　　　　（b）

图 6-7　实际电源

4．实验内容

（1）测试独立电源的外特性，并绘制伏安特性曲线。

（2）根据给定实验线路的实验结果验证实际电压源与实际电流源相互等效变换的条件。

（3）自行设计实验线路验证实际电压源与实际电流源相互等效变换的条件。

5．主要仪器设备

主要仪器设备见表6-4。

表6-4　仪器设备

名　　　称	型号或规格
电路实验平台	SBL-1 型
电阻	100Ω、220Ω等
九孔方板	—
导线	—

6．实验步骤及操作方法

（1）测试理想电流源的外特性。

① 按图 6-8 连接电路，注意电流表和电压表的接入位置。

② 启动直流稳流电源，调节输出电流为给定值。

③ 改变负载电阻值 R，测定相应的电流、电压值，将数据记录下来。

（2）测试理想电压源的外特性。

① 按图 6-9 连接电路，注意电流表和电压表的接入位置。其中，R_1 为限流保护电阻。

② 启动直流稳压电源，调节输出电压为给定值。

③ 改变负载电阻值 R，测定各相应的电流、电压值，将数据记录下来。

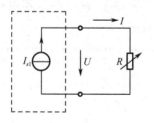

图 6-8　理想电流源

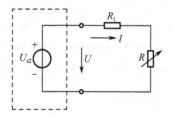

图 6-9　理想电压源

（3）测试实际电流源的伏安特性。

① 按图 6-10 连接电路，在理想电流源输出端并联一电阻 R_{s1} 模拟实际电流源，注意电流表和电压表的接入位置。

② 启动直流稳流电源，调节输出电流为给定值。

③ 改变负载电阻值 R，测定相应的电流、电压值，将数据记录下来。

（4）测试实际电压源的伏安特性。

① 按图6-11连接电路，在理想电压源输出端串联一电阻 R_{s2} 模拟实际电压源，注意电流表和电压表的接入位置。

② 启动直流稳压电源，调节输出电压为给定值。

③ 改变负载电阻值 R，测定相应的电流、电压值，将数据记录下来。

（5）自行设计电路，验证实际电流源与实际电压源等效变换的条件。

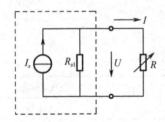 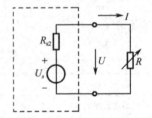

图6-10　实际电流源　　　　　图6-11　实际电压源

7. 实验数据及处理

（1）实验数据记录表见表6-5。

表6-5　实验数据记录表

	R（Ω）	0	100	220	390	510	660	900
理想	U（V）							
电流源	I（mA）							
理想	U（V）							
电压源	I（mA）							
实际	U（V）							
电流源	I（mA）							
实际	U（V）							
电压源	I（mA）							

（2）设计性实验内容，请自行编制数据表格。

8. 实验结果与分析

（1）在坐标纸上作出理想电流源、理想电压源的伏安特性曲线，分析其外特性。

（2）在同一坐标系上作出实际电流源和电压源的伏安特性曲线，分析其外特性并讨论两者可否等效变换。

（3）根据实验测得的数据，分析实验中误差产生的原因。

9. 注意事项

（1）实验过程中，直流稳压电源的输出端不能短路，直流稳流电源的输出端不能开路，以免烧毁仪器设备。

（2）测量仪表接入线路对测量结果有一定影响，请参考 6.1 节的"注意事项"，在实验中合理安排电流表、电压表的接入位置。

（3）电流表应串联在被测电流支路中，电压表应并联在被测电压两端。注意直流仪表"+"、"−"端钮的接线位置选择是否正确。

（4）使用测量仪表前，应注意检查量程和功能选择是否正确。

（5）记录数据时，要将仪表显示的实际数值记录下来，不可任意进行取舍。

6.3 受控源

1. 实验目的

（1）测试受控源特性，加深对受控源的理解。

（2）熟悉由运算放大器组成受控源电路的分析方法，了解运算放大器的应用。

2. 实验要求

（1）能够正确连接电路。

（2）掌握电路实验平台及实验仪器仪表的使用方法。

（3）掌握受控源特性的测量方法。

3. 实验原理

（1）受控源是双口元件，一个为控制端口，另一个为受控端口。受控端口的电流或电压受到控制端口电流或电压的控制。根据控制变量与受控变量的不同组合，受控源可分为以下四类。

① 电压控制电压源（VCVS），如图 6-12（a）所示，其特性为

$$u_s = \alpha u_c$$
$$i_c = 0$$

② 电压控制电流源（VCCS），如图 6-12（b）所示，其特性为

$$i_s = g_m u_c$$
$$i_c = 0$$

③ 电流控制电压源（CCVS），如图 6-12（c）所示，其特性为

$$u_s = \gamma i_c$$
$$u_c = 0$$

④ 电流控制电流源（CCCS），如图 6-21（d）所示，其特性为

$$i_s = \beta i_c$$
$$u_c = 0$$

（2）放大器与电阻元件组成不同的电路，可以实现上述四种类型的受控源。各电路特性分析如下。

① 电压控制电压源（VCVS）。

运算放大器电路如图 6-13 所示。由运算放大器输入端"虚短"特性可知：

$$u_+ = u_- = u_1$$

$$i_{R_2} = \frac{u_1}{R_2}$$

由运算放大器的"虚断"特性，可知：

$$i_{R_1} = i_{R_2}$$

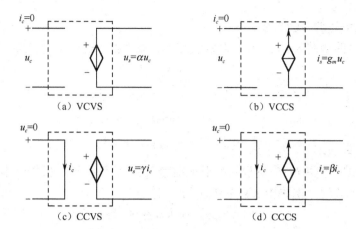

图 6-12 受控源

$$u_2 = i_{R_1}R_1 + i_{R_2}R_2 = \frac{u_1}{R_2}(R_1 + R_2)$$

$$= \left(1 + \frac{R_1}{R_2}\right) \cdot u_1 = \alpha u_1$$

即运算放大器的输出电压 u_2 受输入电压 u_1 控制。其电路模型如图 6-12（a）所示。转移电压比为

$$\alpha = 1 + \frac{R_1}{R_2}$$

该电路是一个同相比例放大器，其输入与输出有公共接地端，这种连接方式称为共地连接。

② 电压控制电流源（VCCS）。

运算放大器电路如图 6-14 所示。根据理想运算放大器"虚短"、"虚断"特性，输出电流为

$$i_2 = i_R = \frac{u_1}{R} = g_m u_1$$

即运算放大器的输出电流 i_2 受输入电压 u_1 控制。其电路模型如图 6-12（b）所示。转移电导为

$$g_m = \frac{1}{R}$$

该电路输入、输出无公共接地点，这种连接方式称为浮地连接。

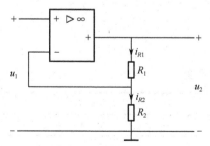

图 6-13 电压控制电压源（VCVS）

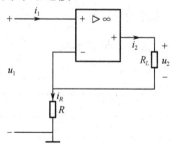

图 6-14 电压控制电流源（VCCS）

③ 电流控制电压源（CCVS）。

运算放大器电路如图6-15所示。根据理想运算放大器"虚短"，"虚断"特性，可推得：

$$u_2 = -i_R R = -i_1 R$$

即输出电压 u_2 受输入电流 i_1 的控制。其电路模型如图6-12（c）所示。转移电阻为

$$\gamma = \frac{u_2}{i_1} = -R$$

④ 电流控制电流源（CCCS）。

运算放大器电路如图6-16所示。由于正相输入端"+"接地，根据"虚短"、"虚断"特性可知，"−"端为虚地，电路中 a 点的电压为：

$$u_a = -i_{R_1} R_1 = -i_1 R_1 = -i_{R_2} R_2$$

所以

$$i_{R_2} = i_1 \frac{R_1}{R_2}$$

输出电流：

$$i_2 = i_{R_1} + i_{R_2} = i_1 + i_1 \frac{R_1}{R_2} = \left(1 + \frac{R_1}{R_2} \right) i_1$$

即输出电流 i_2 只受输入电流 i_1 的控制，与负载 R_L 无关。它的电路模型如图6-12（d）所示。转移电流比为

$$\beta = \frac{i_2}{i_1} = 1 + \frac{R_1}{R_2}$$

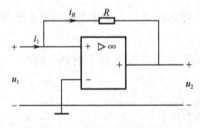

图6-15　电流控制电压源

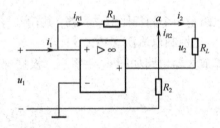

图6-16　电流控制电流源

4．实验内容

利用运算放大器组成受控源，测试受控源的外特性。

5．主要仪器设备

主要仪器设备见表6-6。

表6-6　仪器设备

名　　称	型号或规格
电路实验平台	SBL-1
电阻	1kΩ、10kΩ等
集成运算放大器	LM741

名 称	型号或规格
可变电阻	100kΩ
九孔方板	—
导线	—

6．实验步骤及操作方法

（1）测试电压控制电压源特性

VCVS 实验电路如图 6-17 所示。根据表 6-7 中内容和参数，给定 U_1 值，测试 VCVS 的转移特性 $U_2=f(U_1)$，计算 α 值，并与理论值比较。

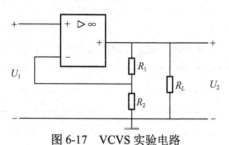

图 6-17　VCVS 实验电路

表 6-7　VCVS 的转移特性

		$R_1=R_2=1kΩ，R_L=10kΩ$							
给定值	U_1（V）	0.5	1	1.5	2	2.5	3	3.5	4	4.5
测试值	U_2（V）									
计算值	α									

根据表 6-8 中的内容和参数，自行给定 R_L 值，测试 VCVS 的负载特性 $U_2=f(R_L)$，计算 α 值，并与理论值比较。

表 6-8　VCVS 的负载特性 $U_2=f(R_L)$

		$R_1=1kΩ，R_2=2kΩ，U_1=1V$				
给定值	R_L（kΩ）	3.0	4.7	10	15	33
测试值	U_2（V）					
计算值	α					

根据表 6-9 中的内容和参数，自行选择 R_2 值，设计出不同电压转移比的受控电压源，计算 α 值，并与理论值比较。

表 6-9　VCVS 的不同电压转移比

		$R_2=1kΩ，R_L=2kΩ，U_1=1V$				
给定值	R_1（kΩ）	1	1.5	2.0	3.0	4.7
测试值	U_2（V）					
计算值	α					

（2）测试电压控制电流源特性

VCCS 实验电路如图 6-18 所示。根据表 6-10 中内容，测试 VCCS 的转移特性 $I_2=f(U_1)$，计算 g_m 值，并与理论值比较。

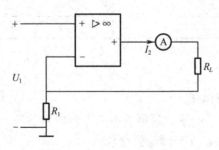

图 6-18　VCCS 实验电路

表 6-10　VCCS 的转移特性 $I_2=f(U_1)$

		R_1= 1kΩ，R_L=2kΩ							
给定值	U_1（V）	0.5	1	1.5	2	2.5	3	3.5	4	4.5
测试值	I_2（mA）									
计算值	g_m									

根据表 6-11 中的内容，测试 VCCS 输出特性 $I_2=f(R_L)$，并计算 g_m 值。

表 6-11　VCCS 输出特性 $I_2=f(R_L)$

		R_1= 2kΩ，U_1=1V				
给定值	R_L（kΩ）	3	4.7	10	15	33
测试值	I_2（mA）					
计算值	g_m					

（3）测试电流控制电压源特性

CCVS 实验电路如图 6-19 所示。根据表 6-12 中的内容，测试 CCVS 的转移特性 $U_2=f(I_1)$，计算 γ 值，并与理论值进行比较。

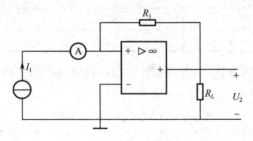

图 6-19　CCVS 实验电路

表 6-12 CCVS 的转移特性 $U_2=f(I_1)$

$R_1= 1k\Omega$，$R_L=2k\Omega$									
给定值	I_1（mA）	0.1	0.2	0.4	0.8	1	1.5	2	2.5	4
测试值	U_2（V）									
计算值	γ（Ω）									

根据表 6-13 中的内容，测试 CCVS 输出特性 $U_2=f(R_L)$，并计算 γ 值。

表 6-13 CCVS 输出特性 $U_2=f(R_L)$

$R_1= 2k\Omega$，$I_1=1.5mA$						
给定值	R_L（kΩ）	3	4.7	10	15	33
测试值	U_2（V）					
计算值	γ（Ω）					

（4）测试电流控制电流源特性

CCCS 实验电路如图 6-20 所示。根据表 6-14 中的内容，测试 CCCS 的转移特性 $I_2=f(I_1)$，计算 β 值，与理论值进行比较。

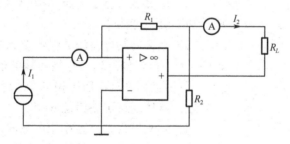

图 6-20 CCCS 实验电路

表 6-14 CCCS 的转移特性 $I_2=f(I_1)$

$R_1= 1k\Omega$，$R_2= 1k\Omega$，$R_L=2k\Omega$									
给定值	I_1（mA）	0.1	0.2	0.4	0.8	1	1.5	2	2.5	4
测试值	I_2（mA）									
计算值	$\beta = 1+\dfrac{R_1}{R_2}$									

根据表 6-15 中的内容，测试 CCCS 输出特性 $I_2=f(R_L)$，并计算 β 值。

7．实验数据及处理

（1）根据实验中使用的电路参数计算各受控源参数的理论值。

（2）根据上述各表中记录的实验数据进行相关计算，得出各受控源参数的测量值。

表 6-15 CCCS 输出特性 $I_2=f(R_L)$

$R_1= 2k\Omega,\ R_2= 1k\Omega,\ I_1=0.5mA$						
给定值	R_L（kΩ）	3.0	4.7	10	15	33
测试值	I_2（mA）					
计算值	$\beta = 1+\dfrac{R_1}{R_2}$					

8. 实验结果与分析

（1）将各受控源参数的理论值与测量值进行比较，说明各受控源的特性。

（2）总结运算放大器的特点。

（3）分析实验中误差产生的原因。

9. 注意事项

（1）运算放大器输出端不能与地短路，输入高电压不宜过高（小于 5V），输入电流不能过大，应在几十微安至几毫安之间。

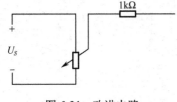

图 6-21　改进电路

（2）运算放大器由电源（±12V 或±15V）供电，其正负极性和引脚不能接错。

（3）电流控制电压源、电流控制电流源的外特性测试过程中，为了能得到可调的且量程数值较小的电流（最小至 μA 级），可用可调直流稳压源和 100kΩ可调电阻，串联 1kΩ电阻完成，具体连接可参考图 6-21。

（4）实验过程中，直流稳压电源的输出端不能短路，直流稳流电源的输出端不能开路，以免烧毁仪器设备。

（5）电流表应串联在被测电流支路中，电压表应并联在被测电压两端。注意直流仪表"+"、"−"端钮的接线位置选择是否正确。

（6）使用测量仪表前，应注意检查量程和功能选择是否正确。

（7）记录数据时，要将仪表显示的实际数值记录下来，不可任意进行取舍。

6.4　直流线性网络

1．实验目的

用实验的方法验证直流线性网络的最大功率传输定理、基尔霍夫电压和电流定律、叠加定理、戴维南等效定理和诺顿等效定理，以加深对直流线性网络基本性质的理解。

2．实验要求

（1）能够正确连接直流电路。
（2）掌握电路实验平台及实验仪器仪表的使用方法。
（3）掌握直流电源、直流电表的使用方法。
（4）掌握电压、电流的测量方法。

3．实验原理

直流线性电路中，最大功率传输定理、基尔霍夫电压和电流定律、叠加定理、戴维南等效定理和诺顿等效定理都是普遍适用的，对掌握直流线性电路的基本性质有着重要的作用。

（1）最大功率传输定理的内容为：任意给定一个线性含源一端口网络，接在它端口处的负载电阻不同，从网络传递给负载的功率也不同。当负载与网络去源后的入端电阻 R_s 相等时，由网络传递给负载的功率最大，为 $P_{\max}=\dfrac{1}{4}U_sI_s=\dfrac{U_s^2}{4R_s}=\dfrac{1}{4}I_s^2R_s$，其中 U_s 为网络的开路电压，即负载断开时网络端口处的电压，I_s 为网络的短路电流，即负载为零时网络端口处的电流，R_s 为网络等效内阻，即网络内所有独立源置零时所得无源网络的等效电阻，$R_s=\dfrac{U_s}{I_s}$。

（2）基尔霍夫电流定律（KCL）的内容为：在集总参数电路的任一节点上，在任一时刻流出节点的电流的代数和为零，通常流入电流表示为负，流出电流表示为正。

（3）基尔霍夫电压定律（KVL）的内容为：在集总参数电路的任一回路中，在任一时刻沿着指定的回路参考方向，各元件上的电压的代数和为零。

（4）叠加定理的内容为：在线性电路中，任意支路电流或电压都是电路中各个电源单独作用时在该支路产生的电流或电压的代数和。

（5）戴维南等效定理的内容为：任意给定一个如图 6-22 所示的线性含源一端口网络，对外电路来说，可以用一条有源支路来等效替代，这条支路是电压源和电阻的串联，如图 6-23 所示，电压源的电动势为原网络的开路电压 U_s，电阻为原网络等效内阻 R_s。

（6）诺顿等效定理为戴维南定理的对偶形式，其内容为：任意给定一个线性含源一端口网络，对外电路来说，可以用一条有源支路来等效替代，这条支流是电流源和电阻的并联，如图 6-24 所示，电流源输出电流为原网络的短路电流 I_s，电阻为原网络等效内阻 R_s。

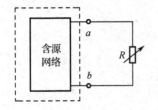

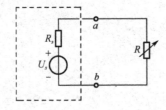

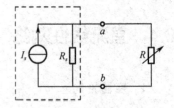

图 6-22　含源线性一端口网络　　图 6-23　戴维南等效电路　　图 6-24　诺顿等效电路

4．实验内容

（1）搭接给定实验线路，利用直流线性网络验证最大功率传输定理、基尔霍夫电压和电流定律、叠加定理、戴维南等效定理和诺顿等效定理。

（2）根据实验室提供的设备自拟实验线路及方案验证各定理。

5．主要仪器设备

主要仪器设备见表 6-16。

表 6-16　仪器设备

名　称	型号或规格
电路实验平台	SBL-1 型
电阻	100Ω、220Ω等
九孔方板	—
电流插孔	—
导线	—

6．实验步骤及操作方法

给定直流线性一端口网络如图 6-25 虚线框内电路所示，实验分四步进行，具体操作方法如下。

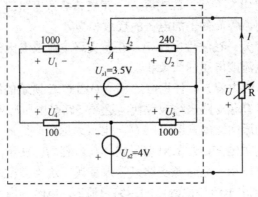

图 6-25　实验电路

（1）测试直流线性一端口网络的外特性，验证最大功率传输定理。

① 将图 6-25 所示直流线性网络端口处的可变电阻断开，测量开路电压。

② 将网络端口处的可变电阻置零，测量短路电流。

③ 根据开路电压与短路电流的数值计算网络等效内阻。

④ 改变一组可变电阻的阻值，测出网络端口的电压和电流。需注意此组数据中必须包含网络等效内阻的数值。

⑤ 根据功率的计算公式计算功率数值。

⑥ 根据测量数据绘制伏安特性曲线，得到直流线性一端口网络的外特性。

⑦ 验证可变电阻数值等于网络等效内阻时，其获得的功率是否为最大值。

（2）验证基尔霍夫电流、电压定律。

① 将图 6-25 所示直流线性网络端口处的可变电阻置于 510Ω。

② 测量图示的全部电流和电压。

③ 验证流出节点 A 的全部电流的代数和是否为零。

④ 验证沿指定回路参考方向，各元件上的电压代数和是否为零。

（3）验证叠加定理。

① 将图 6-25 所示直流线性网络端口处的可变电阻置于 510Ω。

② 测量图示的全部电流和电压。

③ 将电源 U_{s1} 从电路中移出，因为它是电压源，原位置应该用导线代替，此时再次测量图示的全部电流和电压。

④ 将电源 U_{s2} 从电路中移出，原位置同样应该用导线代替。

⑤ 将电源 U_{s1} 重新接入电路初始位置，再次测量图示的全部电流和电压。

⑥ 验证两电源单独作用时产生的响应代数和是否与同时作用产生的响应相等。

（4）验证戴维南等效定理和诺顿等效定理。

① 按照图 6-23 所示连接戴维南等效电路。根据实验第一步测得的开路电压确定电压源 U_s 的数值和方向，根据网络等效内阻确定 R_s 的数值。

② 测量戴维南等效电路的端口电压和电流。

③ 按照图 6-24 所示连接诺顿等效电路。根据实验第一步测得的短路电流确定电流源 I_s 的数值和方向，根据网络等效内阻确定 R_s 的数值。

④ 测量诺顿等效电路的端口电压和电流。

⑤ 根据测量数据绘制伏安特性曲线，得到戴维南等效电路、诺顿等效电路的外特性。

⑥ 验证等效电路的外特性是否与原含源线性一端口网络的外特性相同。

如果采用自行设计的实验线路，可以参考以上步骤安排实验过程，预习报告经教师检查通过后，按照正确的操作方法完成实验。

7．实验数据及处理

（1）测量一端口网络的外特性，计算网络等效内阻和输出功率，将相关数据记录到表 6-17 中。

表 6-17　一端口网络的外特性及输出功率

网络等效内阻：＿＿＿＿＿＿＿＿＿

R	0	51	100	200		390	510	900	∞
U									
I									
P									

（2）验证基尔霍夫电流、电压定律，将相关数据填入表 6-18 和表 6-19 中。

① 基尔霍夫电流定律。

表 6-18　基尔霍夫电流定律

I_1	I_2	I			

② 基尔霍夫电压定律。

表 6-19　基尔霍夫电压定律

U	U_1	U_2	U_3	U_4	

（3）验证迭加定理，将相关数据填入表 6-20 中。

表 6-20　验证迭加定理

被测电量	I_1	I_2	I	U	U_1	U_2	U_3	U_4
Us_1 单独作用								
Us_2 单独作用								
同时作用								

（4）验证含源一端口网络定理，将相关数据填入表 6-21 中。

表 6-21　验证含源一端口网络定理

	R	0	51	100	200	390	510	900	∞
戴维南电路	U								
	I								
诺顿电路	U								
	I								

（5）如果采用自行设计的实验线路，可以参考以上数据表格编制相应的数据表格，预习报告经教师检查通过后，按照正确的操作方法完成实验数据测试，并填写到对应的数据表格中。

8．实验结果与分析

（1）对实验数据进行分析计算，指出其是否能够验证各定理。

（2）除通过测量开路电压、短路电流获得网络等效内阻外，还可以怎样测定含源直流线性一端口网络的等效内阻？如果是无源网络，该怎样确定网络等效内阻呢？

（3）根据实验测得的数据，分析实验中误差产生的原因。

9．注意事项

（1）实验过程中，直流稳压电源的输出端不能短路，直流稳流电源的输出端不能开路，以免烧毁仪器设备。

（2）测量仪表接入线路对测量结果有一定的影响，请参考 6.1 节的"注意事项"，在实验中合理安排电流表、电压表的接入位置。

（3）电流表应串联在被测电流支路中，电压表应并联在被测电压两端。注意直流仪表"+"、"−"端钮的接线位置选择是否正确。

（4）使用测量仪表前，应注意检查量程和功能选择是否正确。

（5）记录数据时，要将仪表显示的实际数值记录下来，不可任意取舍。

6.5 万用表设计

1．实验目的

（1）学习万用表各测量线路的设计方法，深入了解万用表的工作原理。
（2）学习电气测量指示仪表的校验方法。

2．实验要求

（1）能够正确设计并安装万用表各测量线路。
（2）掌握电气测量指示仪表的校验方法。
（3）能够分析和排除简单的电路故障。

3．实验原理

（1）测量线路

本次实验设计的万用表测量线路包括四种：测量直流电压的电路、测量直流电流的电路、测量交流电压的电路和测量电阻的电路，各测量线路的设计方法和工作原理请参考《万用表》一章的相关内容。

（2）校验

按照规定，校验 2.5 级的仪表需要 0.5 级的标准表。

① 直流电流表。

校验直流电流表的电路如图 6-26 所示，校验时调 R，使被校表从零平稳增加到标度尺中每个带数字的分度线上，然后在标准表中读出电流的实际值，根据准确度等级的定义确定仪表的准确度等级。

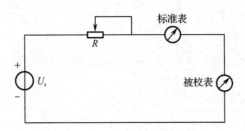

图 6-26　直流电流表的校验电路

② 电压表。

校验电压表的电路如图 6-27 所示，校验直流电压表时电路中连接直流电压源，校验交流电压表时电路中连接交流电压源。

③ 欧姆表。

欧姆表只校验各挡中心阻值，其准确度等级可通过中心阻值的相对误差来获得。通常采用标准电阻箱来进行校验。

校验欧姆表的电路如图 6-28 所示，校验时，先进行欧姆表调零，之后再调整可变电阻，使指针偏转到标度尺的中心，此时可变电阻的阻值就是被校表中心阻值的测量值。根据中心阻值相对误差的数值，确定仪表的准确度等级。

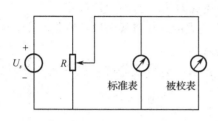

图 6-27　电压表的校验电路

图 6-28　欧姆表的校验电路

中心阻值的相对误差为

$$r = \frac{\Delta}{R_T} \times 100\%$$

其中，Δ 为中心阻值的绝对误差，是被校表中心阻值的测量值与理论值之间的差值。

4．实验内容

（1）表头参数：$R_m=2000\Omega$，$I_m=50\mu A$。

（2）设计并安装万用表各测量线路。

（3）直流电压测量线路的量限为 1V、5V 和 10V。

（4）直流电流测量线路的量限为 10mA、50mA 和 100mA。

（5）交流电压测量线路的量限为 50V 和 100V，灵敏度为 4000Ω/V。

（6）电阻测量线路的测量倍率为×1、×100 和×1000，标准挡中心阻值为 16.5Ω。

（7）对安装好的万用表各测量线路进行校验，得出其准确度等级。

（8）如果测量线路的准确度等级不符合设计要求，则需要进行调试。

5．主要仪器设备

主要仪器设备见表 6-22。

表 6-22　仪器设备

名　　称	型号或规格
电路实验平台	SBL-1 型
表头	2000Ω、50μA
电阻	1Ω、100kΩ等
可变电阻	510Ω、1kΩ
二极管	1N4007
九孔方板	—
导线	—

6. 实验步骤及操作方法

（1）按照设计好的各测量线路进行连接，组成万用表的各测量线路。

（2）按照电气测量指示仪表的校验方法对万用表的各测量线路进行校验，并记录校验数据。

（3）确定万用表各测量线路的准确度等级。

（4）如果测量线路的准确度等级低于设计要求，分析误差产生的原因，并根据结论对线路中的电阻进行校准，再重新进行校验。

7. 实验数据及处理

（1）测量直流电压的线路，相关数据填入表 6-23～表 6-25 中。

表 6-23　1V 量程的校验数据表

U_x（V）	0	0.1	0.2	0.3	0.4	0.5	0.6	0.7	0.8	0.9	1
U_o（V）											
Δ（V）											

表 6-24　5V 量程的校验数据表

U_x（V）	0	0.5	1	1.5	2	2.5	3	3.5	4	4.5	5
U_o（V）											
Δ（V）											

表 6-25　10V 量程的校验数据表

U_x（V）	0	1	2	3	4	5	6	7	8	9	10
U_o（V）											
Δ（V）											

（2）测量直流电路的线路，相关数据填入表 6-26～表 6-28 中。

表 6-26　10mA 量程的校验数据表

I_x（mA）	0	1	2	3	4	5	6	7	8	9	10
I_o（mA）											
Δ（mA）											

表 6-27　50mA 量程的校验数据表

I_x（mA）	0	5	10	15	20	25	30	35	40	45	50
I_o（mA）											
Δ（mA）											

表 6-28　100mA 量程的校验数据表

I_x (mA)	0	10	20	30	40	50	60	70	80	90	100
I_o (mA)											
Δ (mA)											

（3）测量交流电压的线路，相关数据填入表 6-29～表 6-30 中。

表 6-29　50V 量程的校验数据表

U_x (V)	0	5	10	15	20	25	30	35	40	45	50
U_o (V)											
Δ (V)											

表 6-30　100V 量程的校验数据表

U_x (V)	0	10	20	30	40	50	60	70	80	90	100
U_o (V)											
Δ (V)											

（4）测量电阻的线路，相关数据填入表 6-31 中。

表 6-31　各测量倍率的校验数据表

倍率	×1000	×100	×1
R_{T_x} (Ω)			
R_{T_o} (Ω)	16.5k	1.65k	16.5
Δ (Ω)			

（5）根据测量数据得出万用表各测量线路的准确度等级。

8．实验结果与分析

（1）什么是交流电压？什么是直流电压？高、低电位方向不变，只有数值大小改变的电压属于直流还是交流？

（2）测量电阻和交流电压的线路中，可变电阻的作用是什么？

（3）按照我国的国家标准，仪表的准确度分为几级？

（4）请列出准确度的计算公式，并详细说明公式中各符号代表的含义。

（5）测量电阻的线路如何校验？如何确定准确度等级？

（6）校验多量限仪表时，如果仪表准确度不符合要求，需要进行调试，各量限的调试顺序是任意的吗？

（7）从校验结果来看，设计制作的万用表各测量线路是否合格？

（8）根据实验测得的数据，分析实验中误差产生的原因。

（9）如何提高设计制作的万用表各测量线路的准确度？

（10）如何对表头进行过流保护和过压保护？

9. 注意事项

（1）实验线路连接好以后必须经过教师检查才能通电。

（2）先将万用表各测量线路的所有量程连接好，再选择合适的量程连接校验电路。

（3）连接校验电路的导线应该和各测量线路的测量端相连，不能连接到测量线路中的表头或其他元器件接线端上。

（4）注意对表头进行过流保护和过压保护。

6.6 移相网络

1. 实验目的

掌握各种移相网络的原理和设计方法。

2. 实验要求

(1) 能够正确连接实验线路。
(2) 掌握电路实验平台及实验仪器设备的使用方法。
(3) 能够用示波器正确观察移相网络的移相角。
(4) 能够用坐标纸绘制准确的示波器显示图形。

3. 实验原理

移相网络在实际电路中应用很多，在雷达、通信、导弹姿态控制、加速器、仪器仪表甚至音乐等领域都有着广泛的应用。例如，相控阵天线发射/接收组件中，移相网络就是一个重要组成部分，通过电的方式控制天线孔径面上各辐射单元的相位，以实现波束扫描。在卫星直播相控阵天线中，移相网络的性能对整个系统都有重要影响。相控阵雷达的一个重要组成部分也是移相网络，这是一种新型的有源电扫阵列多功能雷达，是当代最先进的军事技术之一。如图 6-29 所示，在直径为几十米的圆形天线阵上排列着上万个辐射器，每个辐射器都配有一个移相器，这个移相器由计算机控制。当雷达工

图 6-29 相控阵雷达

作时，计算机控制这些移相器内的移相网络来改变每个辐射器向空中发射电磁波的相位，使电磁瓣能像转动的天线一样，一个相位一个相位地偏转，完成对空搜索任务。

移相网络的移相功能是基于电容、电感为储能元件实现的。接于电路中的电容和电感均有移相功能，电容的端电压落后于电流 90°，电感的端电压超前于电流 90°，这就是电容、电感移相的结果。

电容通电后开始充电过程，通电瞬间充电的电流为最大值，电压趋于 0，随着电容充电量的增加，电流逐渐变小，电压逐渐增加，至电容充电结束时，电容充电电流趋于 0，电容端电压为最大值，这样就完成了一个充电周期，如果取电容的端电压作为输出，即可得到一个滞后于电流 90°的移相电压。电感有自感自动势，它的移相情形正好与电容相反，通电瞬间电感端电压最大，电流最小，一个周期结束时，端电压最小，电流量大，即可得到一个电压超前电流 90°的移相效果。

以 RC 移相网络为例，单节的 RC 移相网络如图 6-30 所示，采用电容两端电压为输出电

压，根据电压相量图可以得到 $\tan\varphi = \dfrac{U_R}{U_o} = \dfrac{R}{X_C}$，$U_o = U_i\cos\varphi$。虽然单节 RC 移相网络可以有 0～90° 的移相范围，但是移相角为 90° 时，输出电压 $U_o = U_i\cos\varphi = 0$。通常，为了得到一定的输出电压幅度，单节 RC 移相网络的移相角只设计为 60° 以下。如果需要更大的移相角，需要多节 RC 移相网络才能实现。例如，图 6-32 所示的三节 RC 移相网络可以实现 180° 的移相。

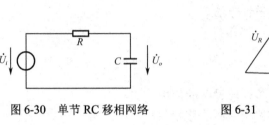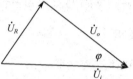

图 6-30　单节 RC 移相网络　　　　图 6-31　单节 RC 移相网络的相量图

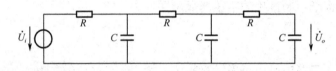

图 6-32　三节 RC 移相网络

　　无论是单节还是多节移相网络，其输出电压幅值都会随移相角的变化发生变化，在实际应用中，大多数情况下需要改变移相角的大小，但要保持输出电压幅值稳定，通常会使用如图 6-33 所示的 RC 移相网络，在此网络中，改变电阻 R 的大小，可以使移相角在 0～180° 之间连续可调，但是输出电压幅值会一直保持不变，为输入电压幅值的一半。

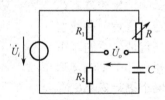

图 6-33　输出电压幅值稳定的连续可调 RC 移相网络

4．实验内容

　　（1）给定输入电压信号的频率为 10kHz，电容 $C = 0.1\mu F$，设计不同要求的 RC 移相网络，使用示波器观测其移相情况。

　　① 设计单节 RC 移相网络，要求移相角分别为 30°、45° 和 60°，绘制电压相量图，计算不同移相角对应的电阻值。

　　② 设计三节 RC 移相网络，要求移相角为 180°，通过列回路方程计算电阻值。

　　③ 设计输出电压幅值稳定的连续可调 RC 移相网络，要求移相范围为 0～180°，绘制电压向量图，根据移相角与可变电阻的对应关系，计算 0°、45°、90°、135° 和 180° 移相角对应的可变电阻值。

　　（2）自行设计实验线路，测试不同移相角对应的可变电阻的阻值。

　　（3）使用坐标纸绘制不同移相角对应的波形图与李萨如图形，研究移相角与移相电路中各元件参数的对应关系。

（4）自行设计各类移相网络，并使用示波器观测其移相情况，研究移相角与移相电路中各元件参数的对应关系。

5. 主要仪器设备

主要仪器设备见表 6-32。

表 6-32　仪器设备

名　称	型号或规格
电路实验平台	SBL-1 型
电阻	100Ω、390Ω 等
电容	0.1μF 等
双踪示波器	YB4320G 20MHz
数字合成信号发生器	SG1005P 5MHz
九孔方板	—
导线	—

6. 实验步骤及操作方法

（1）单节 RC 移相网络

按照图 6-30 连接单节 RC 移相网络实验线路，调节数字合成信号发生器输出指定频率和幅值的正弦电压信号，通过示波器观测输入、输出电压信号的幅值关系和相位角关系，在坐标纸上绘制波形图。

（2）多节 RC 移相网络

按照图 6-31 连接三节 RC 移相网络实验线路，调节数字合成信号发生器输出指定频率和幅值的正弦电压信号，通过示波器观测输入、输出信号的幅值关系和相位角关系，在坐标纸上绘制波形图。

（3）幅值稳定的连续可调 RC 移相网络

① 按照图 6-32 连接 RC 移相网络实验线路，调节数字合成信号发生器输出指定频率和幅值的正弦电压信号，改变可变电阻，通过示波器显示的波形图确定移相角大小，观测移相角为 0°、45°、90°、135° 和 180° 的李萨如图形，在坐标纸上绘制李萨如图形。

② 因为示波器两通道测试线的黑色端共地，如果分别接在某段电路的两端，这段电路就被短路了，所以测试时这两个黑色端要接在相同电位的点上。在图 6-32 中，R_1 的电压与输入电压相位角相同，幅值为其一半，因此可以用 R_1 两端电压波形代替输入电压进行测试。示波器的 CH1 通道观测 R_1 两端电压，CH2 通道观测输出电压，并保证测试线黑色端接到图 6-33 输出电压的 "－" 端。

③ 按照设计好的实验方法测试不同移相角对应的可变电阻的阻值。

（4）如果采用自行设计的移相网络进行实验，应先进行 Multisim 软件仿真，并将仿真电路和结果记录在预习报告中。实验操作可以参考以上步骤安排，预习报告经教师检查通过后，再按照正确的操作方法完成实验。

（5）更改实验中涉及的元件值、输入电压频率和幅值，研究移相角与各类参数的对应关系。

7. 实验数据及处理

（1）在单节 RC 移相网络和多节 RC 移相网络实验中，根据示波器上显示的波形图，计算输入电压与输出电压之间的移相角大小，并标注在坐标图上。

（2）在幅值稳定的连续可调 RC 移相网络实验中，先根据示波器上显示的波形图确定移相角，再由实验数据计算各移相角对应的可变电阻阻值，标注在坐标图上。

（3）如果采用自行设计的移相网络进行实验，可以参考以上步骤进行数据处理。

（4）在研究移相角与元件值、输入电压频率和幅值的关系时，准确记录实验现象与各参数的对应关系，并依据电路相关理论进行处理。

8. 实验结果与分析

（1）分析实验结果与相应电路理论是否一致。

（2）分析元件参数、输入电压频率和幅值对移相角和输出电压幅值的影响。

（3）分析实验中误差产生的原因。

9. 注意事项

（1）实验前认真学习示波器和数字合成信号发生器的使用方法。

（2）测量可变电阻阻值的方法请参考 6.1 节的实验过程。

（3）观测单节和多节 RC 移相网络时，示波器两通道测试线的黑色端、数字合成信号发生器的测试线黑色端需接在一起。

（4）观测幅值稳定的连续可调 RC 移相网络时，示波器两通道测试线的黑色端要接在一起，CH1 通道观测 R_1 两端电压，CH2 通道观测输出电压。

（5）示波器荧光屏上出现波形走动、重叠、密集和混乱等情况时，不可盲目操作，应仔细阅读使用说明，从扫描时间转换开关开始逐一调整。

（6）不可在通电情况下拆断电路，以免损坏设备或元件。

6.7 谐振电路

1．实验目的

（1）测试谐振电路的频率特性曲线和通用谐振曲线，加深对谐振电路的了解。
（2）在通用谐振曲线上确定相对通频带的宽度，加深对谐振电路选择性的了解。
（3）用谐振法测量电感线圈的电感量。
（4）根据特定要求设计合适的谐振电路。

2．实验要求

（1）能够正确连接实验线路。
（2）掌握电路实验平台及实验仪器设备的使用方法。

3．实验原理

谐振电路在电信技术中应用广泛。例如，石英晶体谐振器就是利用石英晶体的压电效应而制成的谐振元件，与半导体器件和阻容元件一起使用，又称晶振，在 51 系列单片机系统中就很常见。此外，无线电设备大多使用谐振电路完成调谐、滤波等功能，而电力系统则需防止谐振发生，以免引起过电流、过电压现象损坏设备。

谐振电路一般分为两种：串联谐振和并联谐振。按照电路理论，RLC 串联的正弦交流电路中，当电源频率、电容、电感的参数正好使电感两端电压有效值与电容两端电压有效值相等时，电路的电抗为零，电路呈纯阻性，电源发出的电流达到最大，此时称为串联谐振，电容和电感上的电压可能远大于电源电压，所以又称为电压谐振。并联谐振电路是串联谐振电路的对偶电路，发生谐振时电感支路和电容支路的电流数值相等，电路的电抗为零，电路呈纯阻性，电源发出的电流达到最小，流过电容和电感的电流可能远大于电源发出的电流，又称为电流谐振。谐振是一种完全的补偿，电源无须提供无功功率，只提供电阻所需要的有功功率。

（1）串联谐振
如图 6-34 所示的电路，发生谐振时，由上述分析可知

$$X = X_L - X_C = \omega_o L - \frac{1}{\omega_o C} = 0$$

则谐振角频率为

$$\omega_o = \frac{1}{\sqrt{LC}}$$

因为 $\omega_o = 2\pi f_o$，所以谐振频率为

$$f_o = \frac{1}{2\pi\sqrt{LC}}$$

因为 $X=0$，电路总阻抗达到最小值 $Z_{min}=R$，电容电压和电感电压大小相等，相位相差 $180°$。若电源电压为 U_S，此时电路中的电流达到最大值，为

$$I_o = \frac{U_S}{R}$$

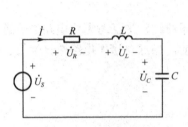

图 6-34 串联谐振电路

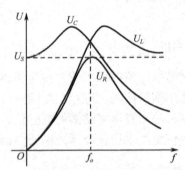

图 6-35 串联谐振频率特性曲线

品质因数 Q 为电感电压（或电容电压）与电阻电压的比值，其值为

$$Q = \frac{U_L}{U_S} = \frac{U_C}{U_S} = \frac{\omega_o L}{R} = \frac{1}{\omega_o RC} = \frac{1}{R}\sqrt{\frac{L}{C}}$$

通用谐振曲线的横坐标为频率与谐振频率之比，纵坐标为转移电压比，也就是电路中的电流与谐振电流之比。在通用谐振曲线中，纵坐标由 1 下降到 $\frac{1}{\sqrt{2}}$ 时，对应的频率范围为相对通频带：

$$B = \eta_2 - \eta_1 = \frac{1}{Q} = R\sqrt{\frac{C}{L}}$$

由 Q 的计算公式可知，当电容 C 和电感 L 固定时，电阻 R 越小，Q 值越大，对应的通用谐振曲线越尖锐，相对通频带越小，电路的选择性越好，如图 6-36 所示。

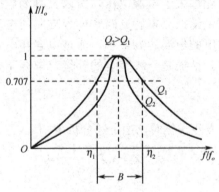

图 6-36 串联谐振通用谐振曲线

（2）并联谐振

如图 6-37 所示的电路，发生谐振时，由上述分析可知

$$X = X_L - X_C = \omega_o L - \frac{1}{\omega_o C} = 0$$

则谐振角频率为

图 6-37 并联谐振电路

$$\omega_o = \frac{1}{\sqrt{LC}}$$

因为 $\omega_o = 2\pi f_o$，所以谐振频率为

$$f_o = \frac{1}{2\pi\sqrt{LC}}$$

因为 $X=0$，电路总阻抗达到最大值 $Z_{max}=R$，流过电容和电感的电流大小相等，相位相差 $180°$。若电源电流为 I_S，此时电源的电压达到最大值，为

$$U_o = I_S R$$

品质因数 Q 为流过电感（或电容）的电流与电源电流的比值，其值为

$$Q = \frac{I_L}{I_S} = \frac{I_C}{I_S} = \frac{R}{\omega_o L} = \omega_o RC = R\sqrt{\frac{C}{L}}$$

通用谐振曲线的横坐标为频率与谐振频率之比，纵坐标为转移电流比，也就是电源两端电压与谐振电压之比。在通用谐振曲线中，纵坐标由 1 下降到 $\frac{1}{\sqrt{2}}$ 时，对应的频率范围为相对通频带：

$$B = \eta_2 - \eta_1 = \frac{1}{Q} = \frac{1}{R}\sqrt{\frac{L}{C}}$$

由 Q 的计算公式可知，当电容 C 和电感 L 固定时，电阻 R 越大，Q 值越大，对应的通用谐振曲线越尖锐，相对通频带越小，电路的选择性越好，如图6-38所示。

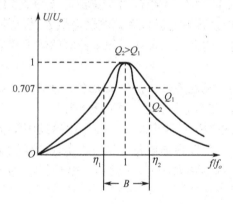

图6-38　并联谐振通用谐振曲线

4．实验内容

（1）在 RLC 串联电路中，电容 C 和电感 L 固定，改变电源频率 f 使电路发生串联谐振。

（2）观察谐振现象，确定谐振频率。

（3）根据实验数据绘制频率特性曲线和通用谐振曲线。

（4）在通用谐振曲线上确定相对不同电阻值对应的相对通频带宽度。

（5）自行设计电路，分别调整电容 C、电感 L 和电阻 R，使电路发生串联或并联谐振。

（6）自行设计电路，用谐振法测电感线圈的电感值。

（7）自行设计电路，测定电感 L 和电容 C 的内阻。

5. 主要仪器设备

主要仪器设备见表 6-33。

表 6-33　仪器设备

名　　称	型号或规格
电路实验平台	SBL-1 型
电阻	51Ω、100Ω 等
电容	5600pF 等
电感	240μH 等
交流毫伏表	SX2172
数字合成信号发生器	SG1005P 5MHz
九孔方板	—
导线	—

6. 实验步骤及操作方法

（1）串联谐振

① 测定谐振频率。

a. 按照图 6-34 连接线路，其中电容 C 为 5600pF，电感 L 为 240μH，电阻 R 为 22Ω。

b. 调节电源输出为 10V，改变电源频率，测试电阻 R 两端的电压 U_R。

c. 当 U_R 达到最大值时，电路发生谐振，记录此时的频率数值 f_o。

② 测试 U_R、U_L 和 U_C。

a. 改变电阻值为 100Ω，测定 U_R、U_L 和 U_C 的值，填入表 6-34 中。

b. 改变电阻值为 51Ω，测定 U_R 的值，填入表 6-35 中。

③ 在自行设计电路测试电感 L 和电容 C 的内阻的实验中，可以根据元件参数测量实验确定实验步骤及操作方法，也可以根据电路理论，由上述测量数据计算出内阻。

（2）自行设计电路，分别调整电容 C、电感 L 和电阻 R，使电路发生串联谐振或并联谐振。实验步骤及操作方法可以参考"串联谐振"。

（3）自行设计电路，用谐振法测电感线圈的电感值。实验步骤及操作方法可以参考"串联谐振"。

7. 实验数据及处理

（1）计算谐振频率的理论值，计算通频带的理论值。

（2）$R=100Ω$ 时改变频率，测定 U_R、U_L 和 U_C 的值，并完成表 6-34 中所有数据的计算。

（3）$R=51Ω$ 时改变频率，测定 U_R 的值，并完成表 6-35 中所有数据的计算。

（4）根据表 6-34 和表 6-35 中的测量数据和计算数据绘制频率特性曲线和通用谐振曲线。

（5）在通用曲线上确定通频带宽度。

表 6-34 　$R= 100\Omega$ 时 U_R、U_L 和 U_C 的值

f (kHz)										
U_R (V)										
U_C (V)										
U_L (V)										
I (mA)										
I/I_o										
f/f_o										

表 6-35 　$R = 51\Omega$ 时 U_R 的值

f (kHz)										
U_R (V)										
I (mA)										
I/I_o										
f/f_o										

（6）根据自行设计实验的测试结果或根据表 6-34 和表 6-35 中的数据计算电感 L 和电容 C 的内阻。

（7）根据实验步骤"（2）"和"（3）"的测试结果做相应的数据处理。

（8）编制合适的数据表记录各个设计性实验的数据。

8. 实验结果与分析

（1）交流毫伏表测量的数值是有效值，数字合成信号发生器显示的是输出电压的峰峰值，请从实验数据上分析这两个数值之间的关系。

（2）发生串联谐振时，电阻两端的电压与电源输出电压之间是相等的吗？如果不是，请分析原因。

（3）发生谐振时电路中会出现哪些实验现象？在实验中可以利用哪些现象判断电路发生谐振？

（4）在串联谐振电路中，是否可以依据电容两端电压与电感两端电压相等来判断电路发生谐振？

（5）实验中测得的谐振频率与理论值是否相等？如果不相等，请分析原因。

（6）由通用曲线确定的通频带宽度与理论值是否相等？如果不相等，请分析原因。

（7）根据实验结果，分析谐振频率、通频带宽度与电阻、电容、电感、信号源输出电压的频率和幅值之间各有什么关系。

（8）本实验中测试电压选用了交流毫伏表，是否还可以选用磁电式、电磁式、电动式等仪表？请从性能和价格两方面分析各仪表的指标，得出结论。

9. 注意事项

（1）实验前认真学习交流毫伏表和数字合成信号发生器的使用方法。

（2）交流毫伏表测试线的黑色端与数字合成信号发生器的测试线黑色端需接在一起。

（3）测试不同器件上的电压时，需改变线路的连接方式。如图 6-34 所示，交流毫伏表测试线的红色端接于电容 C 上端，黑色端与数字合成信号发生器测试线的黑色端同时接于电容下端，可测定电容电压 U_C。如果需要测试电阻 R 两端的电压，可以将电阻 R 和电容 C 交换位置进行测试。

（4）数字合成信号发生器需使用功率输出，在测量过程中避免出现短路的情况，即测试线的红、黑端不可接在一起。如果使用信号发生器的电压输出，接上负载后，输出电压数值会大幅降低。

（5）交流毫伏表过载能力较弱，量程跨度范围大，在测试过程中，根据被测数值的大小选择合适的量程。

（6）不可在通电情况下拆断电路，以免发生损坏。

6.8　一阶电路

1．实验目的

（1）用示波器观察一阶电路在方波激励下的响应，加深对一阶电路特性的理解。
（2）根据特定要求设计合适的一阶电路。

2．实验要求

（1）能够正确连接实验线路。
（2）掌握电路实验平台及实验仪器设备的使用方法。
（3）能够用坐标纸绘制准确的示波器显示图形。
（4）掌握使用示波器测定一阶电路的时间常数的方法。

3．实验原理

描述动态电路的性能方程为微分方程，可用一阶微分方程描述的电路称为一阶电路，通常包含一个储能元件电容或电感，即 RC 电路或 RL 电路。

所有储能元件初始值为零的电路对激励的响应称为零状态响应，即充电过程，而电路在无激励状态下，由储能元件的初始状态引起的响应称为零输入响应，即放电过程。

如图 6-39（a）和图 6-40（a）所示，电源为方波，当方波半周期可以让储能元件获得充分的充电和放电过程时，方波的上升沿相当于加入一个阶跃输入电压，储能元件充电，电容电压的变化规律为 $u_C = U_s\left(1 - \mathrm{e}^{-\frac{t}{\tau}}\right)$，电感电压的变化规律为 $u_L = U_s \mathrm{e}^{-\frac{t}{\tau}}$；方波的下降沿相当于电源短路，储能元件放电，电容电压的变化规律为 $u_C = U_s \mathrm{e}^{-\frac{t}{\tau}}$，电感电压的变化规律为 $u_L = -\dfrac{U}{R_s}\, \mathrm{e}^{-\frac{t}{\tau}}$。其中，RC电路的时间常数 $\tau = RC$，RL电路的时间常数 $\tau = \dfrac{L}{R}$。它们的电压波形如图 6-39（b）和图 6-40（b）所示。

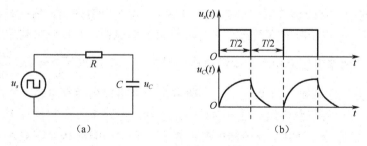

（a）　　　　　　　　　　　（b）

图 6-39　RC 电路电容上的电压变化规律

时间常数的大小反映了一阶电路动态过程的进展速度，时间常数越大，充电、放电速度越慢，动态时间越长，理论上，充电、放电达到稳定需要无限长的时间。以电容的放电过程为例，如图 6-41 所示，每经过一个时间常数 τ 的时间，电容电压会下降到之前的 36.8%，这

电路实验

样，经过 3τ 的时间，电容电压会下降到初始电压的 5%，经过 5τ 的时间，电容电压会下降到初始电压的 0.7%，通常，工程上可以认为经过 3τ～5τ 的时间放电结束。同理，充电过程经过3τ～5τ 的时间也可以近似认为达到稳态。由此，图 6-39（a）和图 6-40（a）的一阶电路中，如果想从示波器上观测到完整的充电、放电的过渡过程，除方波电源的幅值适合使用示波器观测外，其半周期要大于电路时间常数 τ 的 5 倍，但是也不能过大，一般要小于 10τ。

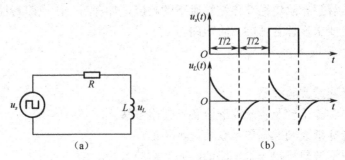

图 6-40　RL 电路电感上的电压变化规律

　　因为过渡过程历时 τ 时间后自由分量会衰减到原值的 36.8%，所以可以在充电、放电的电压变化曲线中求出电路的时间常数。如图 6-41 所示，在 RC 电路放电时电容电压的变化曲线中，纵坐标为 0.368U_o 时，对应的横坐标数值就是时间常数 τ。

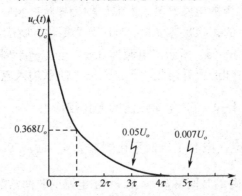

图 6-41　RC 电路放电时电容电压的变化曲线

　　RC 一阶电路中，有两类应用广泛的特殊电路：一类是微分电路，另一类是积分电路。如图 6-42（a）所示，电路中时间常数远小于方波电源的半周期，并且电阻两端电压远小于电容两端电压，即电容两端电压近似等于电源电压，根据 $u_R = Ri = RC\dfrac{du_C}{dt} \approx RC\dfrac{du_s}{dt}$ 可知，电阻两端电压与输入电源电压的微分近似成正比，通常这种电路称为微分电路，它的响应曲线如图 6-42（b）所示。另一类积分电路如图 6-43（a）所示，电路中时间常数远大于方波电源的半周期，电路处于不能完全充电、放电的情况，属于非零状态响应和非零输入响应，电阻两端电压远大于电容两端电压，近似等于电源电压时，根据 $u_C = \dfrac{1}{C}\int i dt \approx \dfrac{1}{RC}\int u_s dt$ 可知，电容两端电压与输入电源电压的积分近似成正比，它的响应曲线如图 6-43（b）所示。

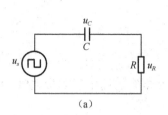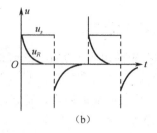

图 6-42　微分电路电阻上的电压变化规律

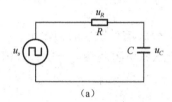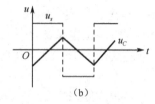

图 6-43　积分电路电容上的电压变化规律

4．实验内容

（1）观测 RC 电路电容上的电压响应。

（2）观测 RL 电路电感上的电压响应。

（3）观测微分电路电阻上的电压响应。

（4）观测积分电路电容上的电压响应。

（5）使用示波器测量一阶电路的时间常数。

（6）研究输入电压的幅值和频率、元件参数对时间常数和响应曲线的影响。

（7）研究如何使用示波器观测电路中的电流。

（8）设计一阶电路，使电阻上的电压波形与输入相似。

5．主要仪器设备

主要仪器设备见表 6-36。

表 6-36　仪器设备

名　　称	型号或规格
电路实验平台	SBL-1 型
电阻	1000Ω、3000Ω等
电容	1000pF 等
电感	10mH 等
双踪示波器	YB4320G 20MHz
数字合成信号发生器	SG1005P 5MHz
九孔方板	—
导线	—

6．实验步骤及操作方法

（1）观测 RC 电路电容上的电压响应。

① 连接实验线路，按照指定参数调整数字合成信号发生器的输出。

② 调整示波器上的显示图形，确定电源电压和电容两端电压的最大值，确定坐标原点及需绘制的图形位置。

③ 在坐标纸上记录响应图形。

④ 使用示波器测试时间常数，将结果记录在响应图形的正确位置上。

（2）观测 RL 电路电感上的电压响应。

① 连接实验线路，按照指定参数调整数字合成信号发生器的输出。

② 调整示波器上的显示图形，确定电源电压和电感两端电压的最大值，确定坐标原点及需绘制的图形位置。

③ 在坐标纸上记录响应图形。

④ 使用示波器测试时间常数，将结果记录在响应图形的正确位置上。

（3）观测微分电路电阻上的电压响应。

① 连接实验线路，按照指定参数调整数字合成信号发生器的输出。

② 调整示波器上的显示图形，确定电源电压和电阻两端电压的最大值，确定坐标原点及需绘制的图形位置。

③ 在坐标纸上记录响应图形。

（4）观测积分电路电容上的电压响应。

① 连接实验线路，按照指定参数调整数字合成信号发生器的输出。

② 调整示波器上的显示图形，确定电源电压和电容两端电压的最大值，确定坐标原点及需绘制的图形位置。

③ 在坐标纸上记录响应图形。

（5）改变输入电压的幅值和频率，改变电阻、电容、电感的参数，观测响应曲线的变化。

（6）如果采用自行设计的方案进行实验，应先进行 Multisim 软件仿真，并将仿真电路和结果记录在预习报告中。实验操作可以参考以上步骤安排，预习报告经教师检查通过后，再按照正确的操作方法完成实验。

7．实验数据及处理

（1）根据示波器上显示的波形图，将测试得到的电压数值、时间常数数值标注在坐标图正确的位置上。

（2）在研究输入电压的幅值和频率及电阻、电容、电感的参数与响应的关系时，准确记录各参数与响应结果之间的对应关系。

8．实验结果与分析

（1）分析实验结果与相应电路理论是否一致。

（2）分析输入电压的幅值和频率及电阻、电容、电感的参数对响应的影响。

（3）观察时间常数对响应的影响，在零状态响应和零输入响应过程中，由初始状态经

过 τ 时间，电路是否达到稳定状态。

（4）总结使用示波器观测电路完整过渡过程时，输入方波电源应满足什么条件。

（5）分析实验中误差产生的原因。

9．注意事项

（1）实验前认真学习示波器和数字合成信号发生器的使用方法。

（2）数字合成信号发生器的输出不能短路，即测试线的红、黑两端不可接在一起。

（3）观测时，示波器两通道测试线的黑色端、数字合成信号发生器的测试线黑色端需接在一起。

（4）示波器荧光屏上出现波形走动、重叠、密集和混乱等情况时，不可盲目操作，应仔细阅读使用说明，从扫描时间转换开关开始逐一调整。

（5）不可在通电情况下拆断电路，以免损坏设备或元件。

（6）坐标原点应选在方便对实验结果进行数据处理和分析的位置。

（7）输入电压最大值和输出电压最大值并不一直保持相等，请仔细研究理论内容和观测实验现象。

6.9 元件参数测量——交流

1. 实验目的

（1）学习测量电感线圈、电阻器、电容器参数的方法。
（2）学习根据测量数据计算串联参数 R、L、C 和并联参数 G、B_L、B_C 的方法。

2. 实验要求

（1）掌握交流电路连接方法。
（2）掌握电量仪的使用方法。

3. 实验原理

电感线圈、电阻器、电容器是常用的元件。电感线圈是由导线绕制而成的，必然存在一定的电阻 R_L，因此，电感线圈的模型可用电感 L 和电阻 R_L 来表示。电容器则因其介质在交变电场作用下有能量损耗或有漏电，可用电容 C 和电阻 R_C 作为电容器的电路模型。线绕电阻器是用导线绕制而成的，存在一定的电感 L'，可用电阻 R 和电感 L' 作为电阻器的电路模型。图 6-44 是它们的串联电路模型。

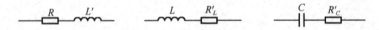

图6-44 电阻器、电感线圈、电容器的串联电路模型

根据阻抗与导纳的等效变化关系可知，电阻与电抗串联的电路可以用电导 G 和电纳 B 并联的等效电路代替，由此可知电阻器、电感线圈和电容器的并联电路模型如图 6-45 所示。

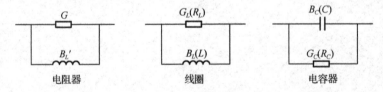

图6-45 电阻器、电感线圈、电容器的并联电路模型

对于电阻器和电感线圈可以用万用表的欧姆挡测得数值，但这个数值是直流电阻，而不是交流电阻（频率越高两者差别越大）。在电容器模型中，R_C 也不是用万用表欧姆挡测出的电阻，它用来反映交流电通过电容器时的损耗，需要通过交流测量得出。

工频交流电路中的电阻器、电感线圈、电容器的参数可用下列方法测量。

（1）相位法

在图 6-46 中，可直接从各电表中读得阻抗 Z 的端电压 U、电流 I 及其相位角 ϕ。当阻抗 Z 的模 $|Z| = U / I$ 求得后，再利用相位角便可以将 Z 的实部和虚部求出。以电感线圈为例，测出两端电压 U、流过电感线圈电流 I 及其相位角 ϕ，则

$$R_L = \frac{U \cos \varphi}{I}, \quad L = \frac{U \sin \varphi}{I \omega}$$

如何根据 U、I、φ 值计算其并联参数 G、B_L，请自行推导。

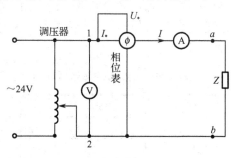

图 6-46 相位法

（2）功率法

在生产部门，功率表较多，相位表较少，将图 6-46 中的相位表换为功率表，如图 6-47 所示，可直接测得阻抗的端电压、流过的电流及其功率，根据公式 $P=UI \cos \varphi$ 即可求得相位角 φ，其余与相位法相同，从而求得 Z 的实部与虚部。

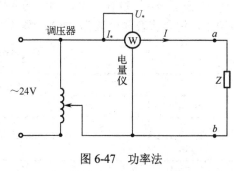

图 6-47 功率法

功率法不能判断被测阻抗是容性还是感性，可以采用如下方法加以判断：在被测网络输入端并联一只适当容量的小电容，如果电流表的读数增大，则被测网络为容性（即虚部为负）；若电流表读数减小，则被测网络为感性（即虚部为正）。

4．实验内容

测定电感线圈、电阻器、电容器的元件参数。

5．主要仪器设备

主要仪器设备见表 6-37。

表 6-37 仪器设备

名　　称	型号或规格
电路实验平台	SBL-1 型
电量仪	HF9600E
电容	220μF 等
电阻	16Ω等
电感	10mH 等
九孔方板	—
导线	—

6．实验步骤及操作方法

（1）相位法。按图 6-46 连线，图中阻抗 Z 分别取：$R=16\Omega$、电感线圈 $L=28mH$ 和电容器 $C=220\mu F$。将调压器输出旋钮置于零位，通电后调节调压器，使电流表的读数为 0.5A，测量电压及相位角值，记录于表 6-38 中。

表 6-38　相位法测量数据表

	电流 I（A）	电压 U（V）	相位角 ϕ
电感线圈			
电阻器	0.5A		
电容器			

（2）功率法。

① 按图 6-47 接线，电路图中的元件参数同上，将调压器输出旋钮置于零位，通电后调节调压器使电流表的读数为 0.5A，测量电压及功率值，记录于表 6-39 中。

表 6-39　功率法测量数据表

	电流 I（A）	电压 U（V）	P（W）	正负
电感线圈				
电阻器	0.5A			
电容器				

② 在被测网络输入端并联一只适当容量的小电容，判断被测阻抗是容性还是感性，记录于表 6-39 的最后一列。

③ 参考实验内容及相关理论知识，自行设计电路采用其他方法测定元件参数，如电桥法等。

7．实验数据及处理

（1）相位法。

（2）功率法。

（3）元件参数计算。

根据相位法的原理计算出表 6-40 中的参数。

表 6-40　相位法测得的电感线圈、电阻器、电容器参数

	电阻值（实部）	感抗/容抗（虚部）	电感值/电容值
电感线圈			
电阻器			
电容器			

根据功率法计算表 6-41 中的参数。

表6-41 功率法测得的电感线圈、电阻器、电容器参数

	电阻值（实部）	感抗/容抗（虚部）	电感值/电容值
电感线圈			
电阻器			
电容器			

（4）其他元件参数测定方法。

根据需要自行编制数据表格并进行数据处理。

8. 实验结果与分析

（1）实验中判断被测元件为容性还是感性的理论依据是什么？

（2）如何根据 U、I、ϕ 的数值计算并联参数？

（3）根据测得的数据，分析实验中误差产生的原因。

9. 注意事项

（1）通电前，要检查调压器输出是否置于零位。

（2）本实验中使用电量仪的不同功能方式代替相位表和功率表。电量仪可以对电路的电压、电流、功率、相位等参数进行测量。

（3）数据测试前要检查电量仪的功能选择是否正确。

（4）记录数据时，要将仪表显示的实际数值记录下来，不可任意取舍。

6.10　元件参数测量——阻抗的串联、并联和混联

1．实验目的

（1）通过对电阻器、电感线圈、电容器串联、并联和混联后阻抗值的测量，研究阻抗串联、并联、混联的特点。
（2）通过测量阻抗，加深对复阻抗、阻抗角、相位差等概念的理解。

2．实验要求

（1）学习用电压、电流结合画相量图法测量复阻抗。
（2）掌握交流电源、交流调压器、电量仪等常用交流电气设备的使用方法。
（3）能够正确连接交流电路。
（4）掌握电路实验平台及实验仪器设备的使用方法。

3．实验原理

（1）阻抗的串联、并联和混联
交流电路中两个元件串联后总阻抗等于两个复阻抗之和，即：
$$Z_{总}=Z_1+Z_2$$
两个元件并联，总导纳等于两个元件的复导纳之和，即：
$$Y_{总}=Y_1+Y_2$$
两个元件并联，然后与另一个元件串联，则总阻抗应为
$$Z_{总}=Z_3+\frac{Z_1Z_2}{Z_1+Z_2}$$

（2）相量图法确定元件参数
在实验《元件参数测量——交流部分》中，提供了两种测量元件参数的方法：用 V、A、ϕ 表法或 V、A、W 表法测元件阻抗。下面将介绍一种画相量图的方法来确定元件参数。

如果图 6-48 中的电阻器和电感线圈的复阻抗有待测量，其中电阻 R 的感性分量可忽略不计。可以分别测出电压有效值 U、U_R 和 U_{rL}，电流有效值 I。根据电压、电流的有效值绘制相量图，如图 6-49 所示。在绘制相量图时，由于相位角不能测出，可以利用电压 U、U_R、U_{rL} 组成闭合三角形，根据所测电压值按某比例尺（如每厘米表示 3V）截取线段，用几何方法画出电压三角形，然后根据电阻器的电压与电流同相位，确定画电流相量的位置，电流的比例尺可以任意确定（如每厘米 0.1A）。

用量角器量出相位角的数值，根据电压、电流有效值及相位角数值，可以得出复阻抗 Z_{AB}、Z_{BC} 及串联后的总阻抗 Z_{AC}，从而得出 R、L 的值。

这种方法也适用于阻抗并联，可以根据上述相似的方法画出电流三角形，再根据其中一支路元件的电压与电流相位关系确定电压相量。

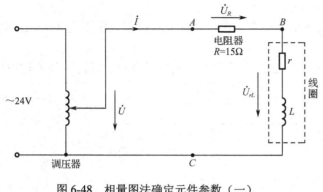

图 6-48 相量图法确定元件参数（一）

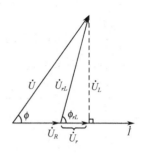

图 6-49 相量图

4．实验内容

（1）用功率表法测量复阻抗。

（2）用电压——电流结合画相量图法测量复阻抗。

（3）通过测试电阻器、电感线圈、电容器串联、并联和混联后的阻抗值，研究阻抗串联、并联、混联的特点。

5．主要仪器设备

主要仪器设备见表 6-42。

表 6-42　仪器设备

名　　称	型号或规格
电路实验平台	SBL-1 型
电量仪	HF9600E
电容	$1\mu F/450V$、$2.2\mu F/450V$、$4.7\mu F/450V$ 等
电阻	15Ω 等
电感	10mH 等
电流插孔	—
九孔方板	—
导线	—

6．实验步骤及操作方法

（1）用功率法测定元件参数

使用已知阻抗的电阻器、电感线圈和电容器，利用实验《元件参数测量——交流部分》中的功率法进行测试。

① 测定电阻器与电感线圈串联的阻抗。

② 测定电阻器与电感线圈并联的总导纳 $Y_{总}$。

③ 测定电阻器与电感线圈并联，再与电容器串联后的总阻抗 $Z_{总}$。

（2）用电压-电流法测定元件参数

① 按图 6-48 接线，将调压器输出旋钮置于零位，通电后调节调压器使 $I=0.8A$，测量 U、U_R、U_{rL} 之值。

② 按图 6-50 接线，将调压器输出旋钮置于零位，通电后调节调压器，使流过电感线圈的电流 $I_2=1A$，测量电流 I、I_1、I_2 及电压 U 的有效值。

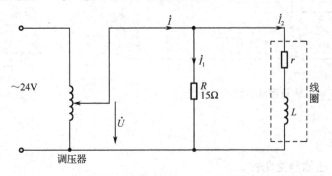

图 6-50 相量图法确定元件参数（二）

7．实验数据及处理

（1）如果电阻器的阻抗为 Z_1、电感线圈阻抗为 Z_2、电容器的阻抗为 Z_3，计算出第一步功率法实验中的所有总阻抗。

（2）根据第二步电压-电流法实验中测得的数据，画出对应电压相量图和电流相量图，求出各复阻抗、负导纳、电感线圈的电阻 r 和电感量 L。

8．实验结果与分析

（1）将计算数据与实验测得的数据进行对比，验证串联时 $Z_{总}=Z_1+Z_2$，并联时 $Y_{总}=Y_1+Y_2$，$Z_{总}=Z_3+\dfrac{Z_1Z_2}{Z_1+Z_2}$。

（2）比较功率表法与电压-电流相量图法测出的数据，分析不同方法的适用条件。

9．注意事项

（1）通电前，要检查调压器输出是否置于零位。

（2）因实验电压较高，必须严格遵守安全操作规程。

（3）电路须经教师检查通过后，才允许通电。

（4）本实验中使用电量仪对电路中的电压、电流、功率等全部参数进行测量。

（5）电量仪作为功率表接入电路时，采用电压线圈外接法。

（6）数据测试前要检查电量仪的功能选择是否正确。

（7）为了使从图中量出的角度更精确，作图应大一些，即选取电流比例尺小一些，如每厘米代表 0.1A 或 0.05A。

6.11 交流电路

1．实验目的

（1）理解正弦交流电路的基本特性和基本分析方法。
（2）掌握正弦稳态交流电路中电压、电流相量之间的关系。
（3）理解改善电路功率因数的意义，掌握提高感性负载功率因数的方法。
（4）了解荧光灯的工作原理。

2．实验要求

（1）掌握交流电源、交流调压器、电量仪和其他常用交流电气设备的使用方法。
（2）掌握荧光灯电路的连接方法。
（3）能够正确连接交流电路。
（4）掌握电路实验平台及实验仪器设备的使用方法。

3．实验原理

（1）荧光灯工作原理
荧光灯电路主要由灯管、镇流器、启辉器等几个重要组成部分构成，如图6-51（a）所示。

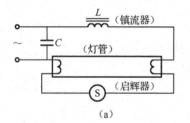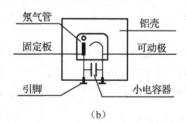

图6-51 荧光灯电路及启辉器结构

荧光灯的灯管是一个圆柱形玻璃管，在管的两端装有灯丝电极，管内充有几毫克水银和少量惰性气体，管壁涂有一层荧光物质。

荧光灯的镇流器是一个有铁芯的线圈，既可以限制和稳定荧光灯管的工作电流，又可以在特定条件下感应出较高电压，使荧光灯管发生弧光放电。

荧光灯的启辉器如图6-51（b）所示，玻璃泡内装有固定金属片和弯曲的可动双金属片，内部充满氖气。氖气在外加电压的作用下会发生辉光放电，产生热量。双金属片是由两种膨胀系数不同的金属片焊接在一起构成的，它受热时会变形张开，与固定金属片接触，冷却时，它会回复到原位置，与固定金属片断开连接。启辉器的两个金属片之间还连接了一个 $0.005\sim 0.01\mu F$ 的小电容，以防止开关过程中对周围无线电波的干扰。

当荧光灯电路接通电源时，电源电压都加在启辉器的两个金属片上，启辉器内部的氖气在外加电压的作用下发生辉光放电，双金属片受热变形，张开与固定金属片接触，使整个电路接通，产生电流，电流加热荧光灯管的灯丝，灯丝向外发射电子。而启辉器的金属片接触

后辉光放电现象消失，双金属片冷却后与固定金属片分离，回到原位。两金属片断开的瞬间，荧光灯电路中的电流消失，镇流器线圈内的磁场发生变化，在线圈的两端产生高压加在荧光灯管两端，使其发生弧光放电，电子与水银蒸气分子碰撞发生电离，产生大量的不可见光——紫外线，紫外线辐射到管壁的荧光物质上，最终产生了可见光。

（2）功率因数

荧光灯在稳定工作状态下，灯管两端的电压一般低于电源电压的一半，镇流器消耗的功率大约为灯管功率的15%～30%。因为镇流器是感性元件，所以荧光灯电路的功率因数较低，一般为0.4～0.6。要想提高功率因数，通常采用在电路中并联电容器的方法。

（3）三表法

在正弦交流电路中，只要使用电压表、电流表和功率表测出负载两端的电压、电流和有功功率，就可以计算出负载的阻抗和功率因数。这种测定交流电路参数的方法称为"三表法"，其计算公式如表6-43所示。

表6-43　三表法计算公式

阻　抗　模	功　率　因　数	等　效　阻　抗	
$\|Z\|=\dfrac{U}{I}$	$\cos\varphi=\dfrac{P}{UI}$	$Z=R+jX=\|Z\|\cos\varphi+j\|Z\|\sin\varphi$	等效电阻：$R=P/I^2=\|Z\|\cos\varphi$
		若$\varphi>0$：$Z=R+j\omega L$	等效电感：$L=\|Z\|\sin\varphi/\omega$
		若$\varphi<0$：$Z=R-j\dfrac{1}{\omega C}$	等效电容：$C=1/\omega\|Z\|\sin\varphi$

4．实验内容

（1）测试荧光灯电路的电压、电流、功率和功率因数。
（2）确定荧光灯电路的启辉值，研究启辉器的作用。
（3）提高荧光灯电路的功率因数到0.9。

5．主要仪器设备

主要仪器设备见表6-44。

表6-44　仪器设备

名　　称	型号或规格
电路实验平台	SBL-1型
电量仪	HF9600E
荧光灯管	40W
镇流器	—
启辉器	—
电容	1μF/450V、2.2μF/450V、4.7μF/450V等
电流插孔	—
九孔方板	—
导线	—

6. 实验步骤及操作方法

（1）荧光灯电路

① 按图 6-52 所示连接荧光灯电路，其中 R 为荧光灯管，L 为镇流器，S 为启辉器，C 为无功补偿电容，S_1 为荧光灯电路控制开关。此时，所有电容不接入电路。

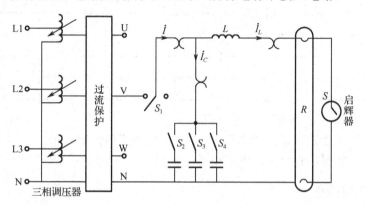

图 6-52　荧光灯电路

② 调节调压器输出旋钮，置于零位。

③ 闭合荧光灯电路控制开关，接通电源，缓慢调节调压器输出旋钮，逐渐升高电压，使荧光灯刚刚点亮，此时的电压值即为荧光灯的启辉值，将数据记录下来。

④ 继续调节调压器，使电压输出为 220V，测试各部分电压、电流、功率和功率因数，将数据记录在表 6-45 中。

（2）观测启辉器的作用

① 在刚完成上一步实验操作的电路中，保持电源接通状态，取下启辉器，观察荧光灯是否依然正常工作。

② 不装回启辉器，断开荧光灯电路控制开关，荧光灯熄灭后，重新接通电源，观察荧光灯是否可以正常点亮。

③ 用一节绝缘导线接触启辉器底座的两个接线端，使荧光灯点亮，片刻后取下导线。

（3）改变荧光灯电路的功率因数

选择不同的无功补偿电容接入电路中，测量电路中的电压、电流、功率和功率因数，将数据记录在表 6-46 中。

7. 实验数据及处理

（1）荧光灯电路参数表见表 6-45。

表 6-45　荧光灯电路参数表

电源电压	U（V）	U_R（V）	U_L（V）	I（A）	P_{LR}（W）	P_L（W）	P_R（W）	$\cos\varphi$	
								测量值	计算值
220/V									

（2）改变荧光灯电路功率因数的数据表见表 6-46。

表 6-46　改变功率因数的数据表

电源电压	C（μF）	U（V）	U_R（V）	I（A）	I_C（A）	I_L（A）	P（W）	P_{LR}（W）	P_C（W）	$\cos\varphi$	
										测量值	计算值
220/V	1.0										
	2.2										
	3.2										
	4.7										
	5.7										

（3）完成表 6-45 和表 6-46 的数据计算。

（4）确定功率因数提高到 0.9 对应的无功补偿电容应该是哪一个。

（5）根据实验数据绘制电压、电流相量关系图。

8. 实验结果与分析

（1）总结荧光灯电路中，电容值变化对哪些物理量有影响？是如何影响的？

（2）根据实验数据，分析改善功率因数的意义。

（3）总结在日常生活中，缺少启辉器的情况下，如何在确保安全的前提下启动荧光灯。

（4）验证电压、电流的相量关系是否与理论一致。

9. 注意事项

（1）通电前，要检查调压器输出是否置于零位。

（2）因实验电压较高，必须严格遵守安全操作规程。

（3）电路须经教师检查通过后才允许通电。

（4）荧光灯未启动之前，不能将仪表接入电路，以免损坏仪表。

（5）电路接线正确，电压已达 220V，荧光灯仍不能点亮时，检查启辉器及其接触是否良好，旋转启辉器使荧光灯点亮。

（6）实验中测试表 6-45 和表 6-46 对应的数据时要保证电源电压 220V 不变。

（7）本实验中使用电量仪对电路中的电压、电流、功率、功率因数等全部参数进行测量。

（8）电量仪作为功率表接入电路时，采用电压线圈外接法。

（9）数据测试前要检查电量仪的功能选择是否正确。

6.12 三相电路

1．实验目的

（1）验证三相负载在星形连接和三角形连接时电压、电流的相值和线值之间的关系。

（2）理解不对称三相负载的概念。

（3）理解三相四线制供电系统中中线的作用。

2．实验要求

（1）掌握三相电路星形连接和三角形连接的正确连接方法。

（2）掌握三相电路中电压、电流、有功功率、无功功率等物理量的测量方法。

（3）掌握交流电源、交流调压器、电量仪和其他常用交流电气设备的使用方法。

（4）能够正确连接三相交流电路。

（5）掌握电路实验平台及实验仪器设备的使用方法。

3．实验原理

（1）三相电路

三相电源与三相负载连接形成的电路称为三相电路。当电源与负载对称时，称为对称三相电路，否则，就是不对称三相电路。

三相电源星形连接时，各相末端连在一起称为电源的中性点，如果三相负载也是星形连接，它们的中性点连在一起，就构成了三相四线制供电系统。中性点之间的连线称为中线，俗称零线，其他三端的连线称为端线，俗称火线。端线之间的电压为线电压，端线与中线之间的电压称为相电压。流过端线的电流称为线电流，流过负载的电流称为相电流。在星形连接时，线电压的有效值等于相电压有效值的$\sqrt{3}$倍，线电流的有效值等于相电流的有效值。

三相电源三角形连接时，三个连接点分别与三相负载相连，就构成了三相三线制供电系统，三根连线称为相线或端线。在三角形连接时，相电压与线电压相等，线电流的有效值是相电流有效值的$\sqrt{3}$倍。

（2）三相有功功率的测量

根据有功功率守恒，三相负载所消耗的总有功功率等于每相负载消耗的有功功率之和，即

$$P = P_1 + P_2 + P_3$$

实验中一般采用功率表分别测量每相负载的有功功率，测量三次得到P_1，P_2和P_3，这种方法称为"三表法"。在三相四线制供电系统中，三次测量对应的功率表连接方式如图6-53所示。采用这种方法测量时，功率表的电压线圈和电流线圈分别承受的是负载的相电压和相电流，如果负载是对称的，那么三次测量得到的有功功率都是相等的。实际生活中，对称负载通常是一个封闭的整体，如三相交流电动机，这样"三表法"就无法使用了。

在三相三线制供电系统中，无论三相负载是否对称，无论负载采用的是星形连接还是三角形连接，都可以采用"二表法"测量总有功功率，如图6-54所示，测量两次，总有功功率

等于两次测量结果的代数和：

$$P = P_1 + P_2$$

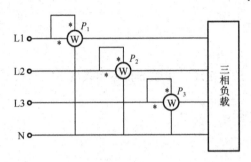

图 6-53 "三表法"测量

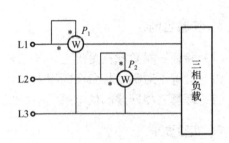

图 6-54 "二表法"测量

采用"二表法"测量时，单个功率表的读数没有物理意义，而且可能为负值，这取决于负载阻抗角的大小。阻抗角小于 60°时，两次测量都是正数；阻抗角等于 60°时，其中一次测量的数值为 0；阻抗角大于 60°时，两次测量的数值为一正一负。

采用"二表法"测量时，功率表的电压线圈和电流线圈分别承受的是负载的线电压和线

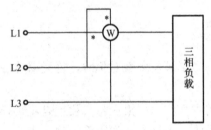

图 6-55 无功功率测量

电流，共有三种接线方式，如图 6-54 所示为其中一种。因为"二表法"接线简单，测量次数少，对负载的连接方式、是否对称等没有要求，实际应用中使用更频繁。

（3）三相无功功率的测量

三相三线制供电系统中，如果三相负载对称，可以只用一只功率表测量一次得到三相负载的总无功功率，如图 6-55 所示，三相电路总无功功率是功率表读数的 $\sqrt{3}$ 倍。

4．实验内容

（1）验证三相负载在星形连接和三角形连接时电压、电流的相值和线值之间的关系。

（2）测试三相对称负载和不对称三相负载时电路中各物理量的变化情况。

（3）测试三相电路的有功功率和无功功率，验证对称星形连接和三角形连接时总功率的关系。

（4）自行设计电路研究"二表法"测量有功功率时阻抗角与功率测量值之间的关系。

5．主要仪器设备

主要仪器设备见表 6-47。

6．实验步骤及操作方法

（1）星形连接

① 将三相负载进行星形连接，每一相负载由三只 15W 的白炽灯组成。

② 将三相调压器的输出旋钮置于零位。

③ 通电后，调节三相调压器的输出旋钮，使相电压增加到 220V。

表 6-47　仪器设备

名　称	型号或规格
电路实验平台	SBL-1 型
电量仪	HF9600E
三相灯组负载	15W/220V
电容	1μF/450V、2.2μF/450V、4.7μF/450V 等
电流插孔	—
九孔方板	—
导线	—

④ 测量三相负载在对称、不对称（断开一相负载）、有中线、无中线条件下的线电压、相电压、线（相）电流、中线电流，将数据填入表 6-48 中。

⑤ 在各种情况下，观察白炽灯的亮度变化，并做记录。

⑥ 调节三相调压器的输出旋钮，使电压降低到零后，关闭电源。

（2）三角形连接。

① 将三相负载进行三角形连接。

② 将三相调压器的输出旋钮置十零位。

③ 通电后，调节三相调压器的输出旋钮，使相电压增加到 220V。

④ 测量三相负载在对称、不对称（断开一相负载）、有中线、无中线条件下的线（相）电压、线电流、相电流，将数据填入表 6-49 中。

⑤ 将 L1 相断线，测试上述数据，填入表 6-49 中。

⑥ 在各种情况下，观察白炽灯的亮度变化，并做记录。

⑦ 调节三相调压器的输出旋钮，使电压降低到零后，关闭电源。

（3）三相电路功率

在三相负载星形连接和三角形连接电路中，根据适用条件，使用"三表法"或"二表法"测量功率，填入表 6-50 中。

（4）自行设计电路

实验前需请教师检查预习报告的设计方案是否合格，参考上述实验步骤合理安排实验操作过程。

7．实验数据及处理

（1）星形连接数据表见表 6-48。

表 6-48　星形连接数据表

星形连接		线电压（V）			相电压（V）			线（相）电流（A）			中线电流
		U_{12}	U_{23}	U_{31}	U_1	U_2	U_3	I_1	I_2	I_3	I_N（A）
对称负载											
不对称负载	有中线										
	无中线										

（2）三角形连接数据表见表 6-49。

表 6-49　三角形连接数据表

三角形连接	线（相）电压（V）			线电流（A）			相电流（A）		
	U_{12}	U_{23}	U_{31}	I_{L1}	I_{L2}	I_{L3}	I_1	I_2	I_3
对称负载									
不对称负载									
L1 断线，对称负载									
L1 断线，不对称负载									

（3）三相电路功率测量数据表见表 6-50。

表 6-50　三相电路功率测量数据表

对称负载	三表法（W）			二表法（W）	
	P_1	P_2	P_3	P_1	P_2
三角形连接					
星形连接					

（4）自行设计电路

参考上述数据表格编制合理的数据记录表。

（5）根据实验数据，绘制对称负载星形连接和三角形连接的三相电压、电流的相量图。

（6）根据实验测得数据计算总功率。

8．实验结果与分析

（1）通过实验数据是否能够验证三相电路中线电压与相电压、线电流与相电流之间的关系。

（2）在三相不对称负载实验中，即断开一相负载的情况下，白炽灯的亮度有何变化？

（3）由实验数据说明三相四线制供电系统中中线的作用。

（4）比较三相负载星形连接和三角形连接的总功率之间的关系。

（5）比较"三表法"和"二表法"测量结果，是否存在误差？如果存在，说明误差产生的原因。

（6）三相负载星形连接和三角形连接分别适用于何种电路条件？如果误接会导致何种后果？

（7）在三相三线制供电系统中，三相负载分别为星形连接和三角形连接时，证明"二表法"测量总有功功率和总无功功率的结论。

9．注意事项

（1）通电前，要检查调压器输出是否置于零位。

（2）因实验电压较高，必须严格遵守安全操作规程。

（3）电路须经教师检查通过后才允许通电。

（4）电路通电和断电的瞬间，测试仪表不能接在电路中，以免损坏仪表。

（5）本实验中使用电量仪对电路中的电压、电流、功率、功率因数等全部参数进行测量。

（6）电量仪作为功率表接入电路时，采用电压线圈外接法。

（7）数据测试前要检查电量仪的功能选择是否正确。

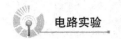

6.13 二端口网络

1. 实验目的

（1）测定无源线性二端口网络的幅频特性。
（2）测定无源线性二端口网络的等效参数。
（3）测试无源线性二端口网络连接的有效性。
（4）理解和掌握低通、高通、带通和带阻网络的特性。
（5）理解二端口网络的等效参数的相关概念。

2. 实验要求

（1）掌握二端口网络的连接方式。
（2）能够正确连接实验线路。
（3）掌握电路实验平台及实验仪器设备的使用方法。

3. 实验原理

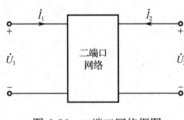

图 6-56　二端口网络框图

所谓端口是一对端钮，流入其中一个端钮的电流等于流出另一个端钮的电流。二端口网络可用图 6-56 所示的框图来表示，对于一个四端网络，若其四个端点能两两成对地构成端口，则此四端网络是一个二端口网络，二端口网络也常称为双口网络。

（1）二端口网络的频率特性

网络的频率特性反映了网络对于不同的频率输入时，其响应随频率变化的规律，一般用网络的网络函数 $H(j\omega)$ 表示。当网络的网络函数为输出电压与输入电压之比时，又称为电压传输比特性。即

$$Hj(\omega) = \frac{\dot{U}_2}{\dot{U}_1}$$

① 低通滤波网络。

简单的低通滤波网络如图 6-57 所示。当输入为 $\dot{U}_1$ 输出为 $\dot{U}_2$ 时，构成的是低通滤波网络，网络的网络函数为

$$H(j\omega) = \frac{\dot{U}_2}{\dot{U}_1} = \frac{1}{1 + j\omega RC} = |H(j\omega)| \, \varphi(\omega)$$

所以有

$$|H(j\omega)| = \frac{1}{\sqrt{1 + (\omega RC)^2}} = \frac{1}{\sqrt{1 + \left(\dfrac{\omega}{\omega_0}\right)^2}}$$

其中，$H(j\omega)$ 是 $H(j\omega)$ 的幅频特性，低通网络的幅频特性曲线如图 6-58 所示。在 $\omega = \dfrac{1}{RC}$ 时，

$|H(j\omega)| = 0.707$，即 $\dfrac{U_2}{U_1} = 0.707$。通常将 $|H(j\omega)|$ 降低到 $0.707|H(j\omega)|$ 时的角频率 ω 称为截

止频率，记为 ω_0，数值上 $\omega_0 = \dfrac{1}{RC}$。

当 $\omega \ll \omega_0$，即低频时，$|H(j\omega)| \approx 1$，输出的衰减很小。当 $\omega \gg \omega_0$，即高频时，$|H(j\omega)| = 0$，输出的衰减很严重。因此，网络符合低通网络特性。

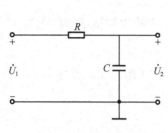

图 6-57 低通滤波网络

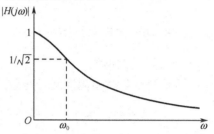

图 6-58 低通滤波网络的幅频特性曲线

② 高通滤波网络。

图 6-59 所示为一阶高通滤波 RC 网络，网络的网络函数为

$$H(j\omega) = \frac{\dot{U}_2}{\dot{U}_1} = \frac{j\omega RC}{1 + jRC} = |H(j\omega)|\varphi(\omega)$$

$$|H(j\omega)| = \frac{\omega RC}{\sqrt{1 + (\omega RC)^2}} = \frac{\dfrac{\omega}{\omega_0}}{\sqrt{1 + \left(\dfrac{\omega}{\omega_0}\right)^2}}$$

高通滤波网络的幅频特性曲线如图 6-60 所示，网络的截止角频率为 $\omega_0 = \dfrac{1}{RC}$。

当 $\omega \ll \omega_0$，即低频时，$|Hj(\omega)| \approx 0$，网络的幅度衰减严重；当 $\omega \gg \omega_0$，即高频时，$|H(j\omega)| = 0$，网络的幅度衰减较小。因此，网络符合高通网络特性。

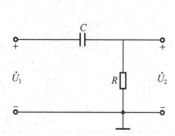

图 6-59 一阶高通滤波 RC 网络

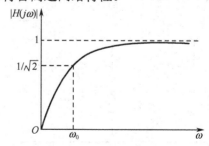

图 6-60 高通滤波网络的幅频特性曲线

③ 带通滤波网络。

图 6-61 所示为带通滤波 RC 网络，它由高通网络和低通网络两部分组成，若这两个网络的截止频率分别是 ω_1 和 ω_2，并且 $\omega_2 \gg \omega_1$，则它的幅频特性曲线如图 6-62 所示。

$$\omega_1 = \frac{1}{R_1 C_1} \qquad \omega_2 = \frac{1}{R_2 C_2}$$

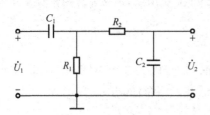

图 6-61　带通滤波网络

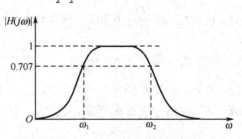

图 6-62　带通滤波网络的幅频特性曲线

④ 双 T 桥带阻滤波网络。

图 6-63 所示的双 T 桥带阻网络可等效成图 6-64 所示的 π 形网络。其中

$$Z_1 = \frac{2R(1 + j\omega RC)}{1 - (\omega RC)^2}$$

$$Z_2 = \frac{1}{2}\left(R + \frac{1}{j\omega c} \right)$$

$$Z_3 = Z_2$$

所以网络函数

$$H(j\omega) = \frac{\dot{U}_2(j\omega)}{\dot{U}_1(j\omega)} = \frac{Z_3}{Z_1 Z_3} = \frac{1 - (\omega RC)^2}{[1 - (\omega RC)^2] + 4j\omega RC} = |H(j\omega)|\ \varphi(\omega)$$

则其幅频特性为

$$|H(j\omega)| = \frac{\left| 1 - \left(\dfrac{\omega}{\omega_0} \right)^2 \right|}{\sqrt{\left[1 - \left(\dfrac{\omega}{\omega_0} \right)^2 \right]^2 + \left(4\dfrac{\omega}{\omega_0} \right)^2}}$$

式中，截止角频率 $\omega_0 = \dfrac{1}{RC}$，它的幅频特性曲线如图 6-65 所示。

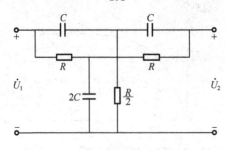

图 6-63　双 T 桥带阻滤波网络

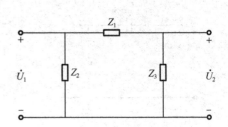

图 6-64　等效 π 形带阻滤波网络

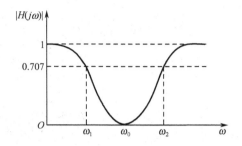

图 6-65　双 T 桥带阻滤波网络的幅频特性曲线

（2）二端口网络的参数矩阵

对于一个复杂的无源线性二端口网络，通常只对它的端口特性进行研究，而不考虑其内部结构。通过对它端口特性进行测量，得出等效参数。

如果输入端的电压为 $\dot{U}_1$、输入端的电流为 $\dot{I}_1$，则输出端的电压为 $\dot{U}_2$，输出端的电流为 $\dot{I}_2$。若用电流表示电压，则二端口网络的特性方程为

$$\dot{U}_1 = Z_{11}\dot{I}_1 + Z_{12}\dot{I}_2$$
$$\dot{U}_2 = Z_{12}\dot{I}_1 + Z_{22}\dot{I}_2$$

式中：

$$Z_{11} = \left.\frac{\dot{U}_1}{\dot{I}_1}\right|_{\dot{I}_2=0} \qquad\qquad Z_{12} = \left.\frac{\dot{U}_1}{\dot{I}_2}\right|_{\dot{I}_1=0}$$

$$Z_{21} = \left.\frac{\dot{U}_2}{\dot{I}_1}\right|_{\dot{I}_2=0} \qquad\qquad Z_{22} = \left.\frac{\dot{U}_2}{\dot{I}_2}\right|_{\dot{I}_1=0}$$

Z_{11} 是端口 2 开路时端口 1 的驱动阻抗；Z_{12} 是端口 1 开路时的反向转移阻抗；Z_{21} 是端口 2 开路时的反向转移阻抗；Z_{22} 是端口 1 开路时端口 2 的驱动点阻抗。由于这些参数都与端口开路有关，所以称为二端口网络的开路阻抗参数。

若用电压表示电流，则二端口网络特性方程为

$$\begin{bmatrix} \dot{I}_1 \\ \dot{I}_2 \end{bmatrix} = \begin{bmatrix} Y_{11} & Y_{12} \\ Y_{21} & Y_{22} \end{bmatrix}\begin{bmatrix} \dot{U}_1 \\ \dot{U}_2 \end{bmatrix}$$

式中：

$$Y_{11} = \left.\frac{\dot{I}_1}{\dot{U}_1}\right|_{\dot{U}_2=0} \qquad\qquad Y_{12} = \left.\frac{\dot{I}_1}{\dot{U}_2}\right|_{\dot{U}_1=0}$$

$$Y_{21} = \left.\frac{\dot{I}_2}{\dot{U}_1}\right|_{\dot{U}_2=0} \qquad\qquad Y_{22} = \left.\frac{\dot{I}_2}{\dot{U}_2}\right|_{\dot{U}_1=0}$$

Y_{11} 是端口 2 短路时端口 1 的驱动点导纳，Y_{22} 是端口 1 短路时端口 2 的驱动点导纳，Y_{12} 和 Y_{21} 是转移导纳。由于四者均与端口短路有关，又称为二端口网络的短路导纳参数。

若以端口电流 $\dot{I}_1$ 和端口电压 $\dot{U}_2$ 为独立变量，则二端口网络的特性方程为

$$\begin{bmatrix} \dot{U}_1 \\ \dot{I}_2 \end{bmatrix} = \begin{bmatrix} h_{11} & h_{12} \\ h_{21} & h_{22} \end{bmatrix} \begin{bmatrix} \dot{I}_1 \\ \dot{U}_2 \end{bmatrix}$$

式中：

$$h_{11} = \left.\frac{\dot{U}_1}{\dot{I}_1}\right|_{\dot{U}_2=0} \qquad\qquad h_{12} = \left.\frac{\dot{U}_1}{\dot{U}_2}\right|_{\dot{I}_1=0}$$

$$h_{21} = \left.\frac{\dot{I}_2}{\dot{I}_1}\right|_{\dot{U}_2=0} \qquad\qquad h_{22} = \left.\frac{\dot{I}_2}{\dot{U}_2}\right|_{\dot{I}_1=0}$$

h_{11} 是端口 2 短路时，端口 1 的驱动点阻抗；h_{22} 是端口 1 开路时，端口 2 的驱动点导纳；h_{12} 是端口 1 开路时的反向电压传输比；h_{21} 是端口 2 短路时的正向电流传输比。这四个参数不全是阻抗或导纳，又称为二端口网络的第一种混合参数。

若以端口电压 $\dot{U}_1$ 和端口电流 $\dot{I}_2$ 为独立变量，则二端口网络的特性方程为

$$\dot{I} = \hat{h}_{11}\dot{U}_1 + \hat{h}_{12}\dot{I}_2$$
$$\dot{U}_2 = \hat{h}_{21}\dot{U}_1 + \hat{h}_{22}\dot{I}_2$$

$$\hat{h}_{11} = \left.\frac{\dot{I}_1}{\dot{U}_1}\right|_{\dot{I}_2=0} \qquad\qquad \hat{h}_{12} = \left.\frac{\dot{I}_1}{\dot{I}_2}\right|_{\dot{U}_1=0}$$

$$\hat{h}_{21} = \left.\frac{\dot{I}_2}{\dot{U}_1}\right|_{\dot{I}_2=0} \qquad\qquad \hat{h}_{22} = \left.\frac{\dot{U}_2}{\dot{I}_2}\right|_{\dot{U}_1=0}$$

$\hat{h}_{11}$ 是端口 2 开路时，端口 1 的驱动点阻抗；$\hat{h}_{22}$ 是端口 1 短路时的端口 2 的驱动点导纳；$\hat{h}_{12}$ 是端口 1 短路时的反向电流传输比；$\hat{h}_{21}$ 是端口 2 开路时的正向电压传输比。这四个元素称为二端口网络的第二种混合参数。

若以端口电压 $\dot{U}_2$ 和端口电流 $-\dot{I}_2$ 为独立变量，则二端口网络的特性方程为

$$\begin{bmatrix} \dot{U}_1 \\ \dot{I}_1 \end{bmatrix} = \begin{bmatrix} A & B \\ C & D \end{bmatrix} \begin{bmatrix} \dot{U}_2 \\ -\dot{I}_2 \end{bmatrix} = \boldsymbol{T} \begin{bmatrix} \dot{U}_2 \\ -\dot{I}_2 \end{bmatrix}$$

式中：

$$A = \left.\frac{\dot{U}_1}{\dot{U}_2}\right|_{\dot{I}_2=0} \qquad\qquad B = \left.\frac{\dot{U}_1}{-\dot{I}_2}\right|_{\dot{U}_2=0}$$

$$C = \left.\frac{\dot{I}_1}{\dot{U}_2}\right|_{\dot{I}_2=0} \qquad\qquad D = \left.\frac{\dot{I}_1}{-\dot{I}_2}\right|_{\dot{U}_2=0}$$

A 是端口 2 开路时的正向电压传输比；B 是端口 2 短路时的正向转移阻抗，取负号；C 是端口 2 开路时的正向转移导纳；D 是端口 2 短路时的正向电流传输比，取负号。A、B、C、D 称为第一种传输参数，矩阵 $\boldsymbol{T}$ 称为第一种传输矩阵。

若以端口电压 $\dot{U}_1$ 和端口电流 $\dot{I}_1$ 为独立变量，则二端口网络的特性方程为

$$\dot{U}_2 = \hat{A}U_1 + \hat{B}\dot{I}_1$$
$$-\dot{I}_2 = \hat{C}\dot{U}_1 + \hat{D}\dot{I}_1$$

式中：

$$\hat{A} = \frac{\dot{U}_2}{\dot{U}_1}\bigg|_{\dot{I}_1=0} \qquad\qquad \hat{B} = \frac{\dot{U}_2}{\dot{I}_1}\bigg|_{\dot{U}_1=0}$$

$$\hat{C} = \frac{-\dot{I}_2}{\dot{U}_1}\bigg|_{\dot{I}_1=0} \qquad\qquad \hat{D} = \frac{-\dot{I}_2}{\dot{I}_1}\bigg|_{\dot{U}_1=0}$$

$\hat{A}$是端口1开路时的反向电压传输比；$\hat{B}$是端口1短路时的反向转移阻抗；$\hat{C}$是端口1开路时的反向转移导纳，取负号；$\hat{D}$是端口1短路时的反向电流传输比，取负号。$\hat{A}$、$\hat{B}$、$\hat{C}$和$\hat{D}$称为第二种传输参数。

为了简化名称，将此六种参数简称为Y参数、Z参数、H参数、$\hat{H}$参数、T参数、$\hat{T}$参数。

（3）二端口网络的连接

二端口网络是可以互相连接的，而且将一些功能不同的二端口网络适当地连接在一起会实现某种特定的技术要求。二端口网络的连接方式有并联、串联、串-并联、并-串联和级联。

① 并联连接。

两个二端口网络并联时如图6-66所示。其特性方程为

$$\begin{bmatrix} \dot{I}_1 \\ I_1 \end{bmatrix} = Y_1 \begin{bmatrix} \dot{U}_1' \\ \dot{U}_2' \end{bmatrix} + Y_2 \begin{bmatrix} \dot{U}_1'' \\ \dot{U}_2'' \end{bmatrix} = (Y_1 + Y_2) \begin{bmatrix} \dot{U}_1 \\ \dot{U}_2 \end{bmatrix} = Y \begin{bmatrix} \dot{U}_1 \\ \dot{U}_2 \end{bmatrix}$$

其中$Y = Y_1 + Y_2$。

因此，由两个子二端口网络并联而成的总二端口网络，其中Y矩阵等于两个子二端口网络的Y_1矩阵和Y_2矩阵之和，其成立的前提条件是保证两个子二端口网络端口上的电流约束条件不受破坏。

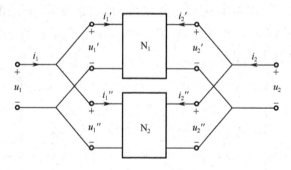

图6-66 二端口网络并联

② 串联连接。

两个二端口网络的串联如图6-67所示。其特性方程为

$$\begin{bmatrix} \dot{U}_1 \\ \dot{U}_2 \end{bmatrix} = Z_1 \begin{bmatrix} \dot{I}_1' \\ \dot{I}_2' \end{bmatrix} + Z_2 \begin{bmatrix} \dot{I}_1'' \\ \dot{I}_2'' \end{bmatrix} = (Z_1 + Z_2) \begin{bmatrix} \dot{I}_1 \\ \dot{I}_2 \end{bmatrix} = Z \begin{bmatrix} \dot{I}_1 \\ \dot{I}_2 \end{bmatrix}$$

其中$Z = Z_1 + Z_2$。

因此，由两个子二端口网络串联而成的总二端口网络的Z矩阵等于两个子二端口网络的

Z_1 矩阵和 Z_2 矩阵之和，其成立的前提条件是保证两个子二端口网络端口上的电流约束条件不受破坏。

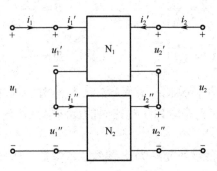

图 6-67　二端口网络串联

③ 串-并联和并-串联连接。

两个二端口网络的串-并联连接如图 6-68 所示。其特性方程为

$$\begin{bmatrix} \dot{U}_1 \\ \dot{I}_2 \end{bmatrix} = H_1 \begin{bmatrix} \dot{I}_1' \\ \dot{U}_2^1 \end{bmatrix} + H_2 \begin{bmatrix} \dot{I}_1'' \\ \dot{U}_2'' \end{bmatrix} = (H_1 + H_2) \begin{bmatrix} \dot{I}_1 \\ \dot{U}_2 \end{bmatrix} = H \begin{bmatrix} \dot{I}_1 \\ \dot{U}_2 \end{bmatrix}$$

其中，$H = H_1 + H_2$。

两个二端口网络的并-串联连接如图 6-69 所示，其特性方程为

$$\begin{bmatrix} \dot{I}_1 \\ \dot{U}_2 \end{bmatrix} = \hat{H}_1 \begin{bmatrix} \dot{U}_1' \\ \dot{I}_2^1 \end{bmatrix} + \hat{H}_2 \begin{bmatrix} \dot{U}_1'' \\ \dot{I}_2'' \end{bmatrix} = (\hat{H}_1 + \hat{H}_2) \begin{bmatrix} \dot{U}_1 \\ \dot{I}_2 \end{bmatrix} = \hat{H} \begin{bmatrix} \dot{U}_1 \\ \dot{I}_2 \end{bmatrix}$$

其中 $\hat{H}_1 + \hat{H}_2 = \hat{H}$。

因此，由两个子二端口网络串-并联（并联）而成的总二端口网络的 $H(\hat{H})$ 矩阵等于两个子二端口网络的 $H_1(\hat{H}_1)$ 矩阵和 $H_2(\hat{H}_2)$ 矩阵之和，其成立的前提条件是保证两个子二端口网络端口上的电流约束条件不受破坏。

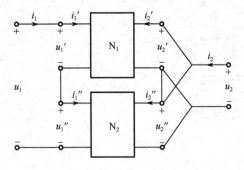

图 6-68　二端口网络串-并联

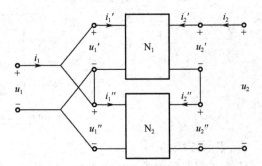

图 6-69　二端口网络并-串联

④ 级联连接。

两个二端口网络的级联如图 6-70 所示，其特性方程为

$$\begin{bmatrix} \dot{U}_1 \\ \dot{I}_1 \end{bmatrix} = \boldsymbol{T_1} \begin{bmatrix} \dot{U}_2' \\ -\dot{I}_2^1 \end{bmatrix} + \boldsymbol{T_2} \begin{bmatrix} \dot{U}_1'' \\ \dot{I}_1'' \end{bmatrix} = \boldsymbol{T_1 T_2} \begin{bmatrix} \dot{U}_2'' \\ -\dot{I}_2'' \end{bmatrix} = \boldsymbol{T_1 T_2} \begin{bmatrix} \dot{U}_2 \\ -\dot{I}_2 \end{bmatrix} = \boldsymbol{T} \begin{bmatrix} \dot{U}_2 \\ -\dot{I}_2 \end{bmatrix}$$

其中 $\boldsymbol{T} = \boldsymbol{T_1 T_2}$。

因此，对于 n 个二端口网络的级联连接，有 $\boldsymbol{T} = \prod_{i=1}^{n} \boldsymbol{T_i}$，很明显，这种连接方式不会出现端口电流约束条件遭到破坏的情况，所以不需要做有效性测试。

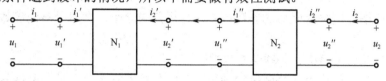

图 6-70 二端口网络级联

（4）二端口网络连接的有效性测试

两个二端口网络相互连接在一起后，若各自的端口电流约束条件不被破坏，则两者连接有效。两个二端口网络之间的连接是否有效，可通过有效性测试来判定。

并联网络连接的有效性测试：先将网络连接成如图 6-71（a）所示的形式，用电压表测出两个二端口网络输出端电压，再将网络改接成如图 6-71（b）所示的形式，测量两个网络输入端的电压。如果在这两次测量中电压表的读数均为 0，两个二端口网络连接起来不会破坏两者的端口电流约束条件，可确定连接有效。

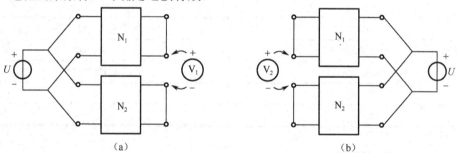

图 6-71 二端口网络并联连接有效性测试电路

串联网络连接的有效性测试：将网络分别连接成图 6-72（a）和图 6-72（b）所示的形式，分别测量两个二端口网络的输出端电压和输入端电压。当两个电压表的读数均为 0 时，两个二端口网络连接起来不会破坏两者的端口电流约束条件，可确定连接有效。

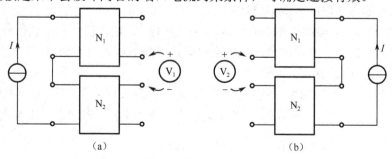

图 6-72 二端口网络串联连接有效性测试电路

4．实验内容

（1）测试低通滤波网络的幅频特性。
（2）测试高通滤波网络的幅频特性。
（3）测试带通滤波网络的幅频特性。
（4）测试双 T 桥的带阻网络的幅频特性。
（5）测试二端口网络的参数矩阵。
（6）测试二端口网络级联后的参数矩阵，分析其与单个二端口网络的参数矩阵之间的关系。
（7）测试二端口网络串、并联的有效性。
（8）测试二端口网络串、并联后的参数矩阵，分析其与单个二端口网络的参数矩阵之间的关系。

5．主要仪器设备

主要仪器设备见表 6-51。

表 6-51　仪器设备

名　称	型号或规格
电路实验平台	SBL-1 型
电阻	51Ω、100Ω等
电容	$0.01\mu F$、$0.1\mu F$ 等
交流毫伏表	SX2172
数字合成信号发生器	SG1005P 5MH
九孔方板	—
导线	—

6．实验步骤及操作方法

（1）测试低通滤波网络的幅频特性
按图 6-57 所示的网络接线，图中 $R = 8k\Omega$、$C = 0.01\mu F$，输入信号为正弦信号，输入信号的电压为 1V（有效值）。测量输出电压及截止频率，将数据填入表 6-52 中。
（2）测试高通滤波网络的幅频特性
按图 6-59 所示网络接线，图中 $R = 4k\Omega$、$C = 0.1\mu F$，输入信号为正弦信号，输入信号的电压为 1V（有效值）。测量输出电压及截止频率，将数据填入表 6-53 中。
（3）测试带通滤波网络的幅频特性
按图 6-61 所示的网络接线，图中 $R_1 = 4k\Omega$、$R_2 = 8k\Omega$，$C_1 = 0.1\mu F$，$C_2 = 0.01\mu F$，输入信号为正弦信号，电压为 1V（有效值）。测量输出电压及上限截止频率和下限截止频率，将数据填入表 6-54 中。

（4）测试双 T 桥的带阻网络的幅频特性

按图 6-63 所示的网络接线，图中 $R = 1k\Omega$、$C = 0.1\mu F$，输入信号为正弦信号，输入信号的电压为 1V（有效值），测量输出电压及截止频率，将数据填入表 6-55 中。

（5）测试二端口网络的参数矩阵

二端口电路如图 6-73 所示，所需电源电压为 10V，其中构成二端口电路的电阻分别为 $R_1 = 100\Omega$、$R_2 = 51\Omega$、$R_3 = 300\Omega$、$R_4 = 200\Omega$、$R_5 = 150\Omega$、$R_6 = 150\Omega$、$R_7 = 51\Omega$、$R_8 = 75\Omega$。测量二端口电路 1 和二端口电路 2 的电压和电流值，分别填入表 6-56、表 6-57、表 6-58 中，计算二端口电路 1 和 2 的 Z、Y、H 和 T 参数。

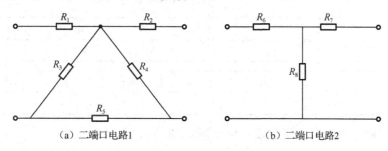

（a）二端口电路1　　　　　　　　　（b）二端口电路2

图 6-73　二端口网络实验电路

（6）测试二端口网络的级联参数

将二端口电路 1 和二端口电路 2 进行级联连接，并测定其 T 参数。

（7）测试二端口网络的串、并联有效性

对二端口电路 1 和二端口电路 2 分别进行串、并联有效性测试。

如果连接无效，对原二端口网络进行变化，使其可以进行串、并联。

7. 实验数据及处理

（1）低通滤波网络的幅频特性数据填入表 6-52 中。

表 6-52　低通滤波网络幅频特性数据表

f（Hz）	100	150	200	250	300	f_0	500	1k	5k	10k
U_0（V）										

（2）高通滤波网络幅频特性数据填入表 6-53 中。

表 6-53　高通滤波网络幅频特性数据表

f（Hz）	200	500	1k	1.5k	f_0	2k	3k	5k	10k
U_0（V）									

（3）带通滤波网络幅频特性数据填入表 6-54 中。

（4）双 T 桥的带阻网络幅频特性数据填入表 6-55 中。

表 6-54　带通滤波网络幅频特性数据表

f（Hz）	50	100	200	300	f_1	800	1k	f_2	2k
U_0（V）					0.707			0.707	

f（Hz）	3k	5k	10k				
U_0（V）							

表 6-55　带阻二端口网络幅频特性数据表

f（Hz）	100	150	200	300	400	600	800
U_0（V）					0.707		

f（Hz）	1k	f_0	2k	4k	10k	15k	20k
U_0（V）					0.707		

（5）二端口网络测量结果填入表 6-56～表 6-58 中。

表 6-56　二端口电路 1 测量结果

	U_1（V）	I_1（mA）	U_2（V）	I_2（mA）
$I_2=0$				
$U_2=0$				
$I_1=0$				
$U_1=0$				

表 6-57　二端口电路 2 测量结果

	U_1（V）	I_1（mA）	U_2（V）	I_2（mA）
$I_2=0$				
$U_2=0$				
$I_1=0$				
$U_1=0$				

表 6-58　二端口级联测量结果

	U_1（V）	I_1（mA）	U_2（V）	I_2（mA）
$I_2=0$				
$U_2=0$				

（6）测试二端口网络的级联参数。

参考上述表格自行编制数据表格记录测试数据。

（7）测试二端口网络的串、并联有效性。

参考上述表格自行编制数据表格记录测试数据。

（8）在坐标纸上画出各二端口滤波网络的幅频特性曲线。

（9）计算各滤波网络的截止频率并与理论值比较。

8．实验结果与分析

（1）在图 6-57 所示的低通滤波网络中的电阻两端作为输出，可以得到与图 6-59 所示的高通滤波网络一致的结果吗？为什么？

（2）测量二端口网络传输特性有什么意义？

（3）将实验内容（5）、（6）、（8）中测得的数据进行比较，是否满足理论关系？

（4）无源二端口线性电路的参数为什么与外加电压和电流无关？

（5）两个无源二端口线性网络在进行连接时为什么要进行有效性测试？请举例说明。

（6）实验内容（8）中，用理论知识解释测试的结果。对原二端口网络做何种变化，可以使连接满足有效性测试的要求？

（7）实验中的误差是由哪些因数引起的？

9．注意事项

（1）实验前认真学习交流毫伏表和数字合成信号发生器的使用方法。

（2）交流毫伏表测试线的黑色端与数字合成信号发生器的测试线黑色端须接在一起。

（3）数字合成信号发生器需使用功率输出，在测量过程中避免出现短路的情况，即测试线的红、黑端不可接在一起。如果使用信号发生器的电压输出，接上负载后，输出电压数值会大幅降低。

（4）滤波网络的频率特性测试实验中，每次改变频率后，要保持输入信号的幅值不变。

（5）测试二端口网络参数和连接有效性时注意电流表的极性。

（6）测试过程中，要保持线性二端口网络的内部结构不变。

（7）交流毫伏表过载能力较弱，量程跨度范围大，在测试过程中，根据被测数值的大小选择合适的量程。

（8）不可在通电情况下拆断电路，以免发生损坏。

6.14　二阶电路

1．实验目的

（1）用示波器观察 RLC 串联电路在方波电压作用下的响应波形。
（2）理解二阶电路的响应特点，以及电路参数对响应的影响。

2．实验要求

（1）掌握使用示波器测定二阶电路衰减系数的方法。
（2）能够用坐标纸绘制准确的示波器显示图形。
（3）能够正确连接实验线路。
（4）掌握电路实验平台及实验仪器设备的使用方法。

3．实验原理

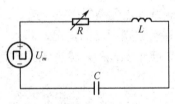

图 6-74　二阶电路

（1）RLC 串联电路在脉冲宽度为 $T/2$ 的方波电压作用下，如图 6-74 所示。当 $t=0$ 时，方波电压由零突升到 U_m 值，相当于电路突然接于直流电源。当 $t=T/2$ 时，电压突然由 U_m 降为零，即已充电的电容器又经 RL 电路放电。

（2）RLC 串联电路中有 L 和 C 两种不同性质的储能元件，其过渡过程不仅是单纯的储存和放出能量，还有可能产生 C 的电场能与 L 的磁场能相互交换的反复过程，因而可能出现周期性振荡的现象。这一特点取决于电路参数之间的关系：当 R 值较小时，电阻消耗的能量少，L 和 C 之间的能量交换工作将占主导地位，呈现为振荡过程；当 R 值较大时，L 和 C 之间的能量未等交换就大部分消耗在电阻中，使电路呈现为非振荡过程。

当 $R < 2\sqrt{L/C}$ 时，过渡过程是振荡性的，称为欠阻尼情况；

当 $R > 2\sqrt{L/C}$ 时，过渡过程是非振荡性的，称为过阻尼情况；

当 $R = 2\sqrt{L/C}$ 时，是上面两种性质的分界，称为临界阻尼情况，这种情况下的充放电仍属于非振荡性的。

因此，用增减电阻、电感、电容数值的方法可以控制电路的振荡或非振荡性质。当 $R < 2\sqrt{L/C}$ 时，电路的过渡过程呈衰减振荡。C 放电时，电容器两端电压的变化规律为

$$u_c = \frac{\omega_0}{\omega} U_m e^{-\delta t} \sin(\omega t + \beta)$$

式中：δ —— 衰减系数；

　　　ω —— 电路的固有振荡角频率；

　　　U_m —— 电容端电压的初始值。

U_c 的波形如图 6-75 所示。

$t = t_1$ 时：

$$U_{cm1} = \frac{\omega_0}{\omega} U_m e^{-\delta t_1}$$

$t = t_2 = t_1 + T'$ 时：

$$U_{cm2} = \frac{\omega_0}{\omega} U_m e^{-\delta(t_1 + T')}$$

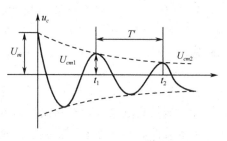

图 6-75　二阶电路欠阻尼电容电压波形图

其中 $T' = 2\pi / \omega$ 为电路的振荡周期。

相邻两最大值之比为 $\dfrac{U_{cm1}}{U_{cm2}} = e^{\delta T'}$，那么衰减系数为

$$\delta = \frac{1}{T'} \ln \frac{U_{cm1}}{U_{cm2}}$$

只要在波形上测出 T'、U_{cm1} 和 U_{cm2}，就可以根据上式求出衰减系数 δ。

4．实验内容

（1）用示波器观测 RLC 串联电路在方波电压作用下振荡、非振荡和临界状态的响应波形。

（2）用示波器观测电阻、电感、电容的数值与 $u_c(t)$ 的关系。

（3）测量衰减系数和电路振荡角频率。

5．主要仪器设备

主要仪器设备见表 6-59。

表 6-59　仪器设备

名　称	型号或规格
电路实验平台	SBL-1 型
电阻	1000Ω，2000Ω等
可变电阻	510Ω、1kΩ
电容	0.5μF 等
电感	500mH 等
双踪示波器	YB4320G 20MHz
数字合成信号发生器	SG1005P 5MHz
九孔方板	—
导线	—

6．实验步骤及操作方法

（1）观测响应波形

① 按图 6-74 连接电路，将数字合成信号发生器输出方波调至合适频率及幅值，用示波器观察方波波形，记录其幅值和脉冲宽度。

② 保持 L 和 C 的值不变，改变电阻 R 的值，使电路分别处于振荡、非振荡和临界状态（由示波器所显示的波形确定），记录 R 的数值与 $u_c(t)$ 的关系，与并在坐标纸上绘出 $u_c(t)$ 的变化曲线。

③ 保持 L 和 R 的值不变，改变电容 C 的值，使电路分别处于振荡、非振荡和临界状态，记录 R 的数值与 $u_c(t)$ 的关系，并在坐标纸上绘出 $u_c(t)$ 的变化曲线。

（2）测量衰减系数和电路振荡角频率

用示波器观测 u_c 呈衰减振荡状态的变化曲线，如图 6-75 所示，测出相邻两最大值 U_{cm1}、U_{cm2} 和 T'，记录下来。

7. 实验数据及处理

（1）根据已知参数计算临界状态的电阻值和电容值。

（2）根据已知参数计算衰减系数 $\delta = R/2L$。

（3）根据测量数据计算衰减系数和电路的振荡角频率。

8. 实验结果与分析

（1）将实验中观测得到的临界电阻值、电容值与计算值相比较，是否有误差？如果有，请分析误差产生的原因。

（2）根据实验的实际情况，若把 RLC 串联电路中的电阻去除，电源仍使用方波电压供电，分析电源的能量是否有所消耗。

（3）用实验测试得到的数据计算衰减系数，与理论值相比较，是否有误差？如果有，请分析误差产生的原因。

（4）讨论如何根据 u_c 的变化曲线判断电路过渡过程的振荡性与非振荡性。

9. 注意事项

（1）实验前认真学习示波器和数字合成信号发生器的使用方法。

（2）数字合成信号发生器的输出不能短路，即测试线的红、黑两端不可接在一起。

（3）观测时，示波器两通道测试线的黑色端、数字合成信号发生器的测试线黑色端须接在一起。

（4）示波器荧光屏上出现波形走动、重叠、密集和混乱等情况时，不可盲目操作，应仔细阅读使用说明，从扫描时间转换开关开始逐一调整。

（5）不可在通电情况下拆断电路，以免损坏仪器或元件。

（6）坐标原点应选在方便对实验结果进行数据处理和分析的位置。

（7）输入电压最大值和输出电压最大值并不一直保持相等，请仔细研究理论内容和观测实验现象。

6.15　单相变压器

1．实验目的

（1）了解单相变压器的结构和变压器铭牌数据的意义。
（2）理解判别变压器绕组相对极性的意义。
（3）了解单相变压器空载特性和外特性。
（4）了解单相变压器阻抗变换的作用。
（5）通过本实验，理解变压器的工作特性。

2．实验要求

（1）掌握变压器绕组相对极性的判别方法。
（2）学会测试单相变压器的空载特性与外特性的方法。
（3）能够正确连接实验线路。
（4）掌握电路实验平台及实验仪器设备的使用方法。

3．实验原理

变压器是常用的电气设备，在电力系统和电子线路中应用广泛。它是利用电磁感应的原理来改变交流电压的装置，主要构件是一次线圈、二次线圈和铁芯（磁芯）。主要功能有：电压变换、电流变换、阻抗变换、隔离、稳压（磁饱和变压器）等。变压器一般分为电力变压器和特种变压器两大类。电力变压器可以分为发电机变压器、输电变压器、联络变压器和配电变压器等。特种变压器可以分为电炉变压器、矿用变压器和实验变压器等。此外，互感器、电抗器、调压器等，由于基本原理和结构与变压器类似，也统称为变压器类产品。

图 6-76　变压器类产品

（1）绕组极性的判别方法

单相变压器的绕组同名端接法错误会导致严重事故，甚至烧毁变压器，所以掌握判断绕组极性的方法是非常重要的。一台双绕组单相变压器有四个接线端子，如果不清楚哪两个端子属于一相绕组的两个端，则首先需要使用万用表测试出来。现假设 1-2 两端为一个绕组，3-4 两端为另外一个绕组，可以采用下面两种方法测定绕组的极性。

① 直流法。

直流法判别绕组极性的方法如图 6-77 所示，变压器一次绕组通过开关连接，二次绕组接

一块直流毫安表。若闭合开关 S 的瞬间毫安表指针正偏，说明 1 端与 3 端为同极性端（同名端）；若指针反偏，则说明 1 端与 3 端为异极性端（异名端），即 1 端与 4 端为同极性端。

如果测试小容量变压器，直流电压源 U_s 取几伏即可。例如，可用 1.5V 的干电池。

② 交流法。

如图 6-78 所示，将两绕组各一端点（如 2 端和 4 端）相连，在端点 1 和 2 两端之间施加适当的交流电压 U_{12}，端点 3 和 4 开路，用交流电压表分别测出三个电压：U_{12}、U_{34} 和 U_{13}。

a．若 $U_{13} = |U_{12} - U_{34}|$，则相连的两端为同名端。

b．若 $U_{13} = |U_{12} + U_{34}|$，则相连的两端为异名端。

为了测量安全，一般取 U_{12} 的值远低于其额定值 U_{1N}。

（2）变压器的空载特性

变压器的空载特性是指发变压器空载运行时，任一组线圈施加额定电压，其他线圈开路的情况下，测量变压器的空载损耗和空载电流两者的关系。而电压比指的是变压器输入电压和输出电压的比值。

① 变压器空载运行时，空载电流的无功分量很大，而有功分量很小；因此，变压器空载运行时的功率因数很小，而且是感性的。

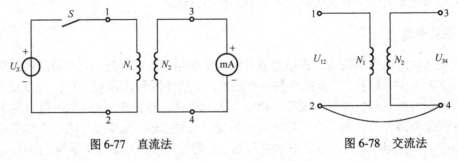

图 6-77 直流法　　　　　　　　图 6-78 交流法

② 变压器的空载电流与滞后电源电压 U 接近 90° 但小于 90°。变压器空载运行时，一次侧绕组的外加电压与其感应电动势在数值上基本相等，但相位相差 180°。

③ 变压器空载运行时，由于空载电流很小，铜损耗近似为零，所以变压器的空载损耗近似等于铁损耗。

（3）变压器的外特性

对于用电设备来说，变压器相当于电源；对于变压器来说，用电设备相当于负载。变压器一次、二次绕组既有电阻又有电抗，当有电流通过时，必然产生电压降，从而使二次电压随负载的增减而变化。由变压器电源电压 U_1 和负载功率因数 $\cos\psi$ 变化而引起的输出端电压 U_2 变化的特性曲线称为变压器的外特性。

变压器的电压调整率是指当一次绕组接在额定电压的电网上，负载的功率因数为常数时，空载与负载时二次绕组端电压变化的比值。

4. 实验内容

（1）判别变压器绕组极性。

（2）测试单相变压器的空载特性，计算电压比。

（3）测试单相变压器的外特性，计算电压调整率。

（4）设计实验验证变压器阻抗变换作用。

5．主要仪器设备

主要仪器设备见表6-60。

表6-60 仪器设备

名 称	型号或规格
电路实验平台	SBL-1型
自耦调压器	0～250V，1000V·A
单相变压器	220V/36V，50V·A
电量仪	HF9600E
白炽灯	220V，15W
电流插孔	—
九孔方板	—
导线	—

6．实验步骤及操作方法

（1）判别变压器绕组极性

① 变压器的铭牌。

观察实验用变压器的铭牌，将被测变压器的额定值记录在下面。

型号_____；额定容量_____ V·A；相数_____；额定电压_____V；额定电流
_____A；额定频率_____Hz；冷却方式_____；阻抗电压_____。

② 变压器绕组极性的判别。

根据实验原理，选择一种判别变压器一次绕组与二次绕组极性的实验方法，测定绕组极性后将绕组的同名端标记在图上。

（2）测试单相变压器的空载特性

为了便于测量和安全，测试空载特性时，通常将低压绕组作为一次绕组、高压绕组作为二次绕组。二次绕组开路，一次绕组接至自耦调压器的输出端，以改变被测变压器一次侧的电压，实验电路如图6-79所示。

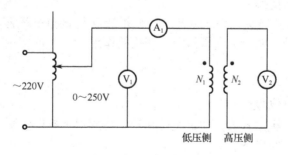

图6-79 测试变压器的空载特性

确认自耦调压器调节到零位后，合上电源；逐渐增大自耦调压器的输出电压，使一次侧电压 U_1 从零逐次上升到 $1.2U_{1N}$（$U_{1N} = $ _____V）；使用电压表和电流表分别测量 U_1、U_{20} 和 U_{10}，数据记入表 6-61 中。

表 6-61　变压器空载特性数据记录表

U_1（V）	0				U_{1N}		$1.2U_{1N}$
I_{10}（A）							
U_{20}（V）							

（3）测试变压器的外特性

为满足实验台上三组白炽灯负载额定电压 220V 的要求，通常以变压器的低压（36V）绕组为一次绕组、高压（220V）绕组为二次绕组，即将被测变压器当作一台升压变压器使用。将白炽灯作为负载，按照图 6-80 连接实验电路。

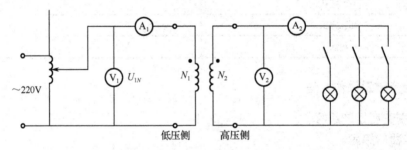

图 6-80　测试变压器的外特性

在保持一次绕组电压 U_1 为额定电压时，逐次增加白炽灯负载，使二次绕组电流达到额定值，分别在电压表和电流表中读出一次绕组、二次绕组的电压和电流值（从空载到额定负载之间的几组数据），记入表 6-62 中。

表 6-62　变压器外特性数据记录表

$U_1=U_{1N}$	$I_2=A$	0				I_{2N}
	$U_2=V$					
	$I_1=A$					

（4）变压器的阻抗变换

自行设计实验方案，当负载为电阻 R_L 时，分析计算 R_L 经过变压器变换和不经过变压器变换时的值，并进行比较，并验证变压器阻抗变化的作用。

7．实验数据及处理

（1）判别变压器绕组极性

如果变压器铭牌上额定容量、额定电压和额定电流三个额定值缺少一个，请计算出来。

（2）测试变压器的空载特性

（3）测试变压器的外特性

（4）验证变压器阻抗变换作用

参考上述表格编制自行设计实验的数据表格。

8．实验结果与分析

（1）阐述判别变压器绕组极性的意义。

（2）根据实验数据，在坐标纸上绘制变压器的空载特性曲线，并计算电压比 k。

（3）根据实验数据，在坐标纸上绘制变压器的外特性曲线，并计算电压调整率 V_R。

（4）分析变压器阻抗变换的作用。

9．注意事项

（1）通电前，要检查调压器输出是否置于零位。

（2）因实验电压较高，必须严格遵守安全操作规程。

（3）电路须经教师检查通过后才允许通电。

（4）电路通电和断电的瞬间，测试仪表不能接在电路中，以免损坏仪表。

（5）本实验中使用电量仪对电路中的电压、电流进行测量，由于空载电流很小，电量仪接入电路时，采用电压线圈外接法。

（6）数据测试前要检查电量仪的功能选择是否正确。

（7）谨慎调节自耦调压器，时刻监视电压表的读数，防止自耦调压器输出过高电压而损坏实验设备。

（8）时刻监视二次侧电流表（输出电流）的数值，防止变压器过载而损坏设备。

（9）由空载实验转换到负载实验时，要注意及时变更仪表量程。

第三部分

计算机辅助设计

第7章　计算机辅助设计软件

7.1　软件介绍

随着电子工业和计算机技术的飞速发展，电子产品已与计算机系统紧密相连，电子产品的智能化日益完善，电路的集成度越来越高，而产品的更新周期越来越短。以定量估算和电路实验为基础的电路设计方法已经无法适应当前激烈竞争的市场。Multisim 软件技术使得电子线路的设计人员能在计算机上完成电路的功能设计、逻辑设计、性能分析、时序测试直至印制电路板的自动生成，代表着现代电子系统设计的技术潮流。

EWB（Electrical Work Bench）是加拿大 IIT 公司（Interactive Image Technologies）于 20 世纪 80 年代末推出的电子线路仿真软件，又称虚拟电子工作台，可以把真实的电子线路完全用计算机仿真实现。从而不必购置零碎的器件、昂贵的设备，却得到和真实情况一样的结果，同时又避免了电子线路最容易发生的过压、过流等现象，从而免除了安全隐患。

Multisim 软件是在 EWB 基础上推出的电子电路仿真设计软件，是一个专门用于电子线路仿真与设计的 EDA 工具软件。它是一个完整的设计工具系统，提供了一个庞大的元件数据库（Master Database）供描绘电路原理图使用，提供了虚拟电子电工仪器与仪表供实验电路测试使用，提供了数模 SPICE 仿真功能、VHDL/Verilog 设计接口与仿真功能等供电路设计、测试和仿真使用。利用该软件可以实现设计和实验同步进行，修改调试方便，需要的元件不受限制，设计和实验成功的电路可以直接用于产品生产。

使用 Multisim 软件进行电路设计和测试，无须专门学习计算机控制语言和各种输入/输出指令，只须在 Multisim 软件电路设计窗口内用虚拟电子元器件和虚拟仪器设备组成电路，就能从虚拟仪器设备上观察到各种仿真波形和实验测试结果，非常直观方便。同时，Multisim 软件将电路原理图仿真和设计 PCB 的 Ultiboard 软件相结合，使电子线路的仿真与印制电路板的制作更为高效。

Multisim 软件的主要特点如下。

（1）直观的图形界面。整个操作界面就像一个电子实验工作台，绘制电路所需的元器件和仿真所需的测试仪器设备均可直接拖放到屏幕上，轻点鼠标可用导线将它们连接起来，虚拟仪器的控制面板和操作方式都与实物相似，测量数据、波形和特性曲线如同在真实仪器上看到的一样。

（2）庞大的元器件库。例如信号源、基本元器件、模拟集成电路、数字集成电路、指示部件、控制部件等各种元器件。

（3）强大的仿真能力。既可以对模拟电路或数字电路分别进行仿真，也可进行数模混合仿真，尤其是新增了射频（RF）电路的仿真功能。仿真失败时会显示出错信息、提示可能出错的原因，仿真结果可随时储存和打印。

（4）覆盖范围全面的分析功能。Multisim 软件提供了多种仿真分析方法，如直流静态工作点分析、直流扫描分析、交流分析、瞬态分析、傅里叶分析、噪声分析、灵敏度分析、最坏情况分析、参数扫描分析、零极点分析、传递函数分析、温度扫描分析、批处理分析和用户自定义分析等。

（5）种类繁多的虚拟仪器。例如示波器、万用表、瓦特计、扫描仪、失真仪、网络分析仪、逻辑转换仪、字信号发生器等。

（6）VHDL/Verilog 设计和仿真。Multisim 软件中含有 VHDL/Verilog 的设计和仿真功能，使得大规模可编程逻辑器件的设计和仿真与模拟电路、数字电路的设计和仿真融为一体，突破了原来大规模可编程逻辑器件无法与普通电路融为一体仿真的瓶颈。

（7）与电路板制板软件无缝连接。Multisim 软件的设计结果可以方便地导出到电路板设计软件中进行电路板布线并印制。

（8）远程控制功能。Multisim 软件支持远程控制功能，不仅可以将 Multisim 软件的界面共享给其他人，使得其他人在自己的计算机上看到控制者的操作情况，还可以将控制权交给其他人，让其操作该软件，这样可以实现交互式教学和团队设计研讨，是进行电子线路教学和团队电子系统设计开发的理想工具。

7.2　虚拟仪器设备

Multisim 在仪器栏提供了 19 个常用仪器设备和 LabVIEW、NI ELVISmx 相关仪器设备，在菜单栏排列次序为数字万用表、函数发生器、瓦特表、双通道示波器、四通道示波器、波特图仪、频率计、字信号发生器、逻辑分析仪、逻辑转换器、IV 分析仪、失真度仪、频谱分析仪、网络分析仪、Agilent 信号发生器、Agilent 万用表、Agilent 示波器、LabVIEW 仪器设备、NI ELVISmx 仪器设备、Tektronix 示波器和电流钳。

1. 数字万用表（Multimeter）

Multisim 提供的万用表外观和操作与实际的万用表相似，如图 7-1 所示，可以测电流、电压、电阻和分贝值，可测直流信号或交流信号。万用表有正极和负极两个引线端。

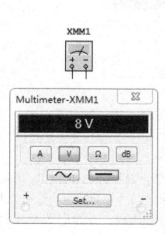

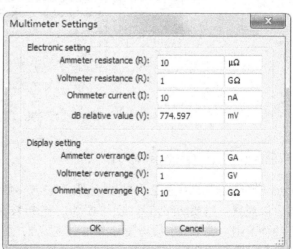

图 7-1　数字万用表

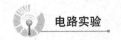

2. 函数发生器（Function Generator）

Multisim 提供的函数发生器（见图 7-2）可以产生正弦波、三角波和矩形波，信号频率可在 1～999MHz 范围内调整。信号的幅值及占空比等参数也可以根据需要进行调节。信号发生器有三个引线端口：负极、正极和公共端。

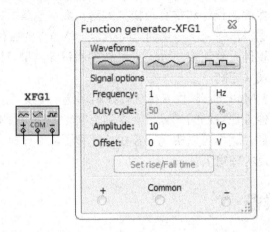

图 7-2　函数发生器

3. 瓦特表（Wattmeter）

Multisim 软件提供的瓦特表（见图 7-3）可以用来测量电路的交流功率或直流功率，瓦特表有四个引线端口：电压正极和负极、电流正极和负极。

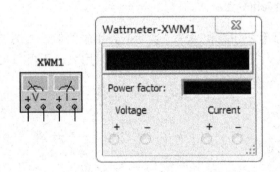

图 7-3　瓦特表

4. 双通道示波器（Oscilloscope）

Multisim 软件提供的双通道示波器（见图 7-4）与实际的示波器外观和操作方法基本相同，该示波器可以观察一路或两路信号波形的形状，分析被测周期信号的幅值和频率，时间基准可在秒至纳秒范围内调节。示波器图标有四个连接点：A 通道输入、B 通道输入、外触发端 T 和接地端 G。

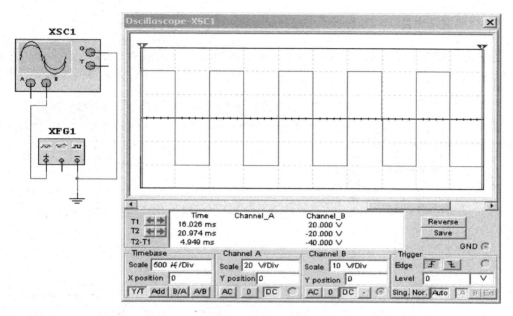

图 7-4　双通道示波器

示波器的控制面板分为四个部分。

（1）Time base（时间基准）。

Scale（量程）：设置显示波形时的 X 轴时间基准。

X position（X 轴位置）：设置 X 轴的起始位置。

显示方式设置有四种：Y/T 方式指的是 X 轴显示时间，Y 轴显示电压值；Add 方式指的是 X 轴显示时间，Y 轴显示 A 通道和 B 通道电压之和；A/B 或 B/A 方式指的是 X 轴和 Y 轴都显示电压值。

（2）Channel A（通道 A）。

Scale（量程）：通道 A 的 Y 轴电压刻度设置。

Y position（Y 轴位置）：设置 Y 轴的起始点位置，起始点为 0 表明 Y 轴和 X 轴重合，起始点为正值表明 Y 轴原点位置向上移，否则向下移。

触发耦合方式：AC（交流耦合）、0（0 耦合）或 DC（直流耦合）。交流耦合只显示交流分量，直流耦合显示直流和交流之和，0 耦合时在 Y 轴设置的原点处显示一条直线。

（3）Channel B（通道 B）。

通道 B 的 Y 轴量程、起始点、耦合方式等项内容的设置与通道 A 相同。

（4）Trigger（触发）。

触发方式主要用来设置 X 轴的触发信号、触发电平及边沿等。Edge（边沿）：设置被测信号开始的边沿，设置先显示上升沿或下降沿。Level（电平）：设置触发信号的电平，使触发信号在某一电平时启动扫描。触发信号选择：Auto（自动）、通道 A 和通道 B 表明用相应的通道信号作为触发信号；Ext 为外触发；Sing 为单脉冲触发；Nor 为一般脉冲触发。

5. 四通道示波器（4 Channel Oscilloscope）

四通道示波器与双通道示波器的使用方法和参数调整方式完全一样，只是多了一个通道控制器旋钮，如图 7-5 所示，当旋钮拨到某个通道位置，才能对该通道的 Y 轴进行调整。

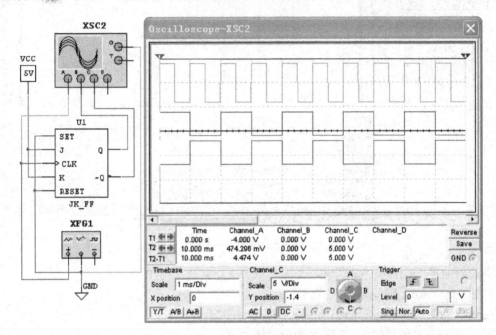

图 7-5　四通道示波器

6. 波特图仪（Bode Plotter）

利用波特图仪可以方便地测量和显示电路的频率响应，波特图仪适合分析滤波电路或电路的频率特性，特别易于观察截止频率。需要连接两路信号：一路是电路输入信号；另一路是电路输出信号，需要在电路的输入端接交流信号。

波特图仪控制面板分为 Magnitude（幅值）或 Phase（相位）的选择、Horizontal（横轴）设置、Vertical（纵轴）设置、显示方式的其他控制信号，面板中的 F 指的是终值，I 指的是初值。在波特图仪的面板上，可以直接设置横轴和纵轴的坐标及其参数。

如图 7-6 所示为一阶 RC 滤波电路，输入端加入正弦波信号源，电路输出端与示波器相连，观察不同频率的输入信号经过 RC 滤波电路后输出信号的变化情况。打开仿真开关，单击"Magnitude"按钮（幅频特性），在波特图观察窗口可以看到幅频特性曲线，如图 7-7 所示；单击"phase"按钮（相频特性），可以在波特图观察窗口显示相频特性曲线，如图 7-8 所示。调整纵轴幅值测试范围的初值 I 和终值 F，调整相频特性纵轴相位范围的初值 I 和终值 F，便可以观察到适合进行分析的结果。

7. 频率计（Frequency Counter）

频率计主要用来测量信号的频率、周期、相位，脉冲信号的上升沿和下降沿，频率计的图标、面板及使用如图 7-9 所示。使用过程中应注意根据输入信号的幅值调整频率计的 Sensitivity（灵敏度）和 Trigger Level（触发电平）。

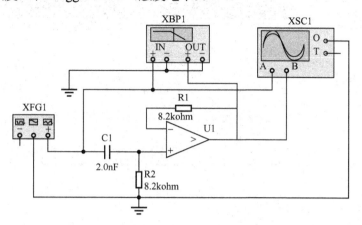

图 7-6 一阶 RC 滤波电路

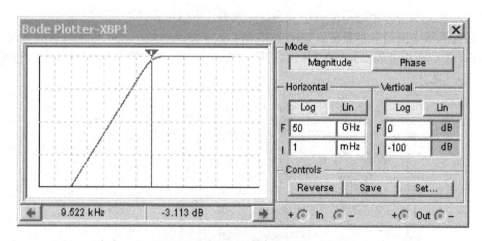

图 7-7 波特图仪观测幅频特性曲线

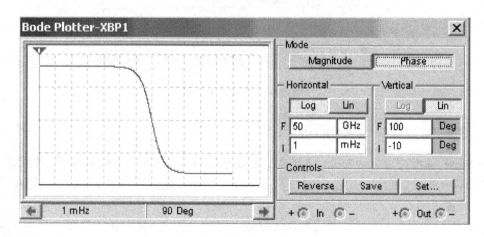

图 7-8 波特图仪观测相频特性曲线

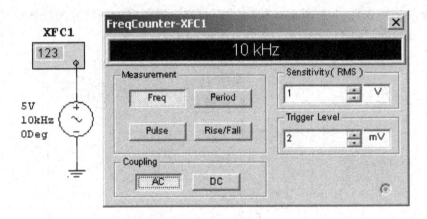

图 7-9　频率计

8．字信号发生器（Word Generator）

字信号发生器是一个通用的数字激励源编辑器，可以用多种方式产生 32 位的字符串，在数字电路的测试中应用非常灵活。如图 7-10 所示，左侧是控制面板，右侧是字信号发生器的字符窗口。控制面板分为 Controls（控制方式）、Display（显示方式）、Trigger（触发）、Frequency（频率）等几部分。

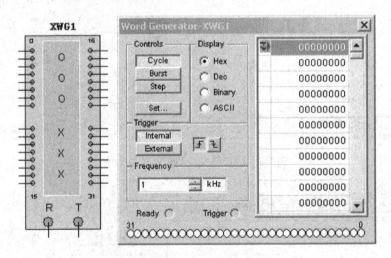

图 7-10　字信号发生器

9．逻辑分析仪（Logic Analyzer）

Multiuse 面板分上下两部分，上半部分是显示窗口，下半部分是逻辑分析仪的控制窗口，控制信号有：Stop（停止）、Reset（复位）、Reverse（反相显示）、Clock（时钟）设置和 Trigger（触发）设置。

16 路逻辑分析仪用于数字信号的高速采集和时序分析。逻辑分析仪如图 7-11 所示。逻辑分析仪的连接端口有：16 路信号输入端、外接时钟端 C、时钟限制 Q 及触发限制 T。

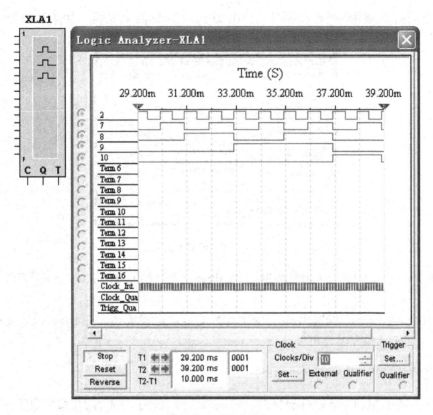

图 7-11　逻辑分析仪

单击 Clock 区域中的 Set 按钮时，弹出 Clock setup 对话框，如图 7-12 所示。

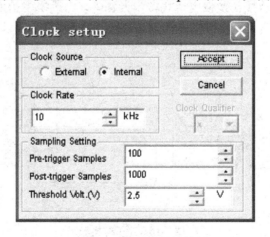

图 7-12　时钟设置对话框

（1）Clock Source（时钟源）：选择外触发或内触发。

（2）Clock Rate（时钟频率）：1Hz～100MHz 范围内选择。

（3）Sampling Setting（取样点设置）：Pre-trigger Samples（触发前取样点）、Post-trigger Samples（触发后取样点）和 Threshold Voltage（开启电压）设置。

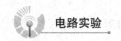

单击 Trigger 区域中的 Set 按钮时，弹出 Trigger Settings 对话框，如图 7-13 所示。

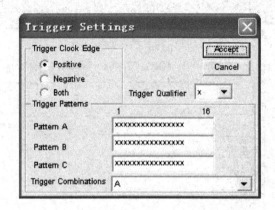

图 7-13　触发设置对话框

（1）Trigger Clock Edge（触发边沿）：Positive（上升沿）、Negative（下降沿）、Both（双向触发）。

（2）Trigger Patterns（触发模式）：由 A、B、C 定义触发模式，在 Trigger Combination（触发组合）下有 21 种触发组合可以选择。

10．逻辑转换器（Logic Converter）

逻辑转换器是 Multisim 软件提供的一种虚拟仪器，如图 7-14 所示。实际中没有这种仪器，逻辑转换器可以在逻辑电路、真值表和逻辑表达式之间进行转换。有 8 路信号输入端，1 路信号输出端。6 种转换功能依次是：逻辑电路转换为真值表、真值表转换为逻辑表达式、真值表转换为最简逻辑表达式、逻辑表达式转换为真值表、逻辑表达式转换为逻辑电路、逻辑表达式转换为与非门电路。

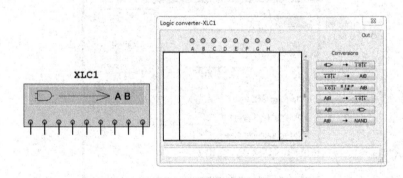

图 7-14　逻辑转换器

11．IV 分析仪（IV Analyzer）

IV 分析仪专门用来分析晶体管的伏安特性曲线，如二极管、NPN 管、PNP 管、NMOS 管、PMOS 管等器件。IV 分析仪相当于实验室的晶体管图示仪，需要将晶体管与连接电路完全断开才能进行 IV 分析仪的连接和测试。IV 分析仪有三个连接点，实现与晶体管的连接。IV

分析仪面板左侧是伏安特性曲线显示窗口，右侧是功能选择区域，如图 7-15 所示。

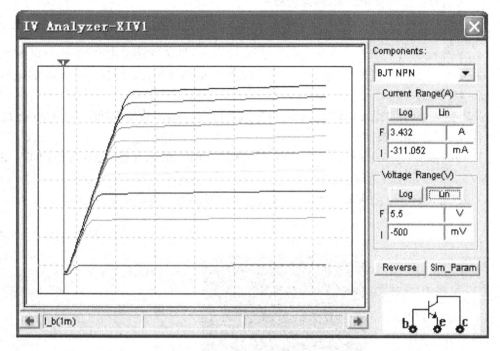

图 7-15　IV 分析仪

12. 失真度仪（Distortion Analyzer）

失真度仪（见图 7-16）专门用来测量电路的信号失真度，失真度仪提供的频率范围为 20Hz～100kHz。

面板最上方给出测量失真度的提示信息和测量值。Fundamental freq.（分析频率）处可以设置分析频率值；选择分析 THD（总谐波失真）或 SINAD（信噪比），单击 Set 按钮，在弹出的对话框中可以根据 THD 的定义设置 THD 的分析选项。

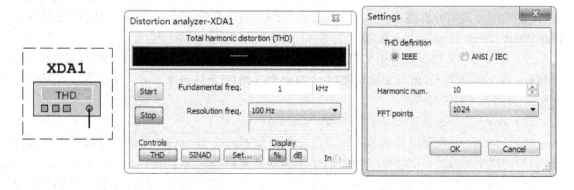

图 7-16　失真度仪

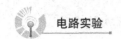

13. 频谱分析仪 (Spectrum Analyzer)

频谱分析仪用来分析信号的频域特性，其频域分析范围的上限为 4GHz，如图 7-17 所示。

（1）Span control 用来控制频率范围，选择 Set span 的频率范围由 Frequency 区域决定；选择 Zero span 的频率范围由 Frequency 区域设定的中心频率决定；选择 Full span 的频率范围为 1kHz～4GHz。

（2）Frequency 用来设定频率：Span 设定频率范围、Start 设定起始频率、Center 设定中心频率、End 设定终止频率。

（3）Amplitude 用来设定幅值单位，有三种选择：dB、dBm、Lin。dB = 10log10V；dBm= 20log10（V/0.775）；Lin 为线性表示。

（4）Resolution freq 用来设定频率分辨的最小谱线间隔，简称频率分辨率。

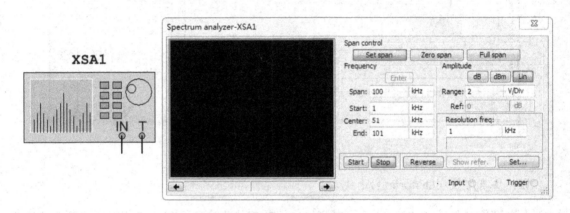

图 7-17　频谱分析仪

14. 网络分析仪 (Network Analyzer)

网络分析仪（见图 7-18）主要用来测量双端口网络的特性，如衰减器、放大器、混频器、功率分配器等。Multisim 提供的网络分析仪可以测量电路的 S 参数，并计算出 H、Y、Z 参数。

（1）Mode 提供分析模式：Measurement 测量模式；RF Characterizer 射频特性分析模式；Match Net. Designer 电路设计模式。

（2）Graph 用来选择要分析的参数及模式，可选择的参数有 S 参数、H 参数、Y 参数、Z 参数等。模式选择有 Smith（史密斯模式）、Mag/Ph（增益/相位频率响应，波特图）、Polar（极化图）、Re/Im（实部/虚部）。

（3）Trace 用来选择需要显示的参数。

（4）Marker 用来提供数据显示窗口的三种显示模式：Re/Im 为直角坐标模式；Mag/Ph（Degs）为极坐标模式；dB Mag/Ph（Deg）为分贝极坐标模式。

（5）Settings 用来提供数据管理，Load 读取专用格式数据文件；Save 存储专用格式数据文件；Export 输出数据至文本文件；Print 打印数据。Simulation Set 按钮用来设置不同分析模式下的参数。

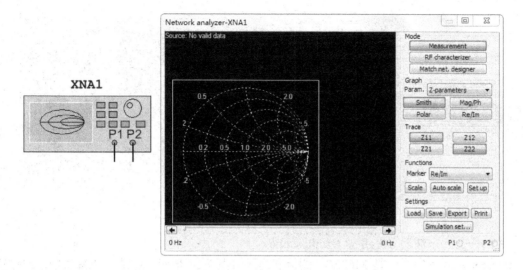

图 7-18 网络分析仪

15．仿真 Agilent 仪器

仿真 Agilent 仪器有三种：Agilent 信号发生器、Agilent 万用表、Agilent 示波器。这三种仪器与真实仪器的面板、按钮、旋钮操作方式完全相同，使用起来更加真实。

（1）Agilent 信号发生器（Agilent Function Generator）

Agilent 信号发生器的型号是 33120A，其图标和面板如图 7-19 所示，这是一个高性能 15 MHz 的综合信号发生器。Agilent 信号发生器有两个连接端，上方是信号输出端，下方是接地端。单击最左侧的电源按钮即可按照要求输出信号。

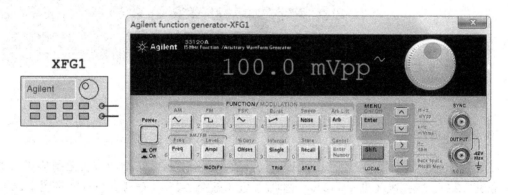

图 7-19　Agilent 信号发生器

（2）Agilent 万用表（Agilent Multimeter）

Agilent 万用表的型号是 34401A，其图标和面板如图 7-20 所示，这是一个高性能 6 位半的数字万用表。Agilent 万用表有五个连接端，应按面板的提示信息连接。单击最左侧的电源按钮，即可使用万用表，实现对各种电类参数的测量。

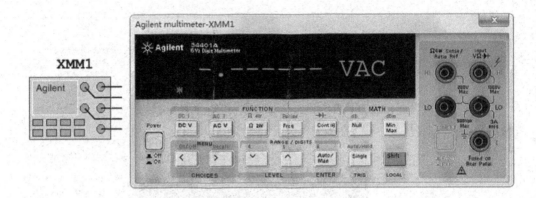

图 7-20　Agilent 万用表

（3）Agilent 示波器（Agilent Oscilloscope）

Agilent 示波器的型号是 54622D，图标和面板如图 7-21 所示，这是一个有 2 个模拟通道、16 个逻辑通道、100MHz 的宽带示波器。Agilent 示波器下方的 18 个连接端是信号输入端，右侧是外接触发信号端、接地端。单击电源按钮即可使用示波器实现各种波形的测量。

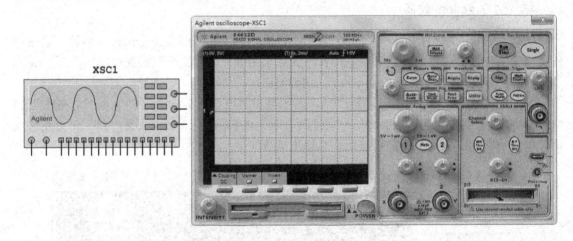

图 7-21　Agilent 示波器

16. LabVIEW 仪器设备

目前 Multisim 14.0 版本提供 LabVIEW 仪器设备，分别是 BJT 分析仪（见图 7-22）、阻抗计（见图 7-23）、麦克风（见图 7-24）、喇叭/耳机（见图 7-25）、信号分析仪（见图 7-26）、信号发生器（见图 7-27）和流信号发生器（见图 7-28）。

除已经提供的七种仪器设备外，LabVIEW 图形开发环境允许创建自定义仪器设备，这类自定义仪器设备可以充分利用 LabVIEW 开发系统的全部功能，包括数据采集、仪器控制、数学分析等。LabVIEW 仪器可以是输入仪器、输出仪器或输入/输出仪器。输入仪器接收模拟数据进行显示或处理。输出仪器在模拟中产生数据作为信号源。输入/输出仪器可以接收和生成模拟数据。所有 LabVIEW 仪器类型在仿真期间连续执行其功能。例如，输入仪器在仿真期间连续接收 Multisim 软件的仿真数据。输出仪器在模拟过程中连续生成模拟数据。输入/输出仪器在模拟期间不间断地接收并产生模拟数据。

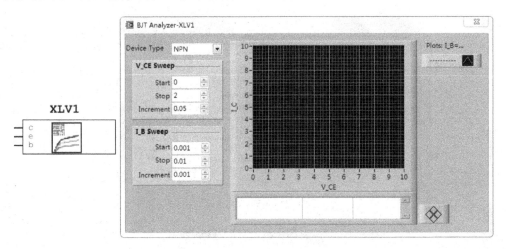

图 7-22　BJT 分析仪

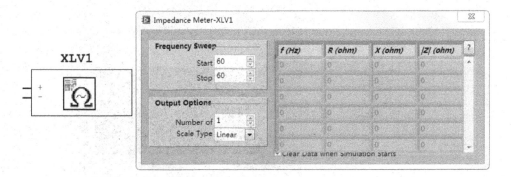

图 7-23　阻抗计

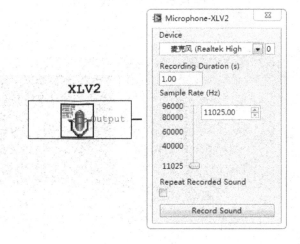

图 7-24　麦克风

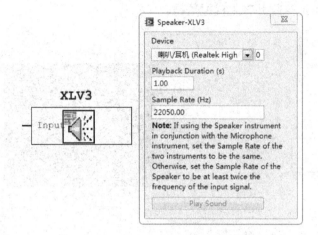

图 7-25　喇叭/耳机

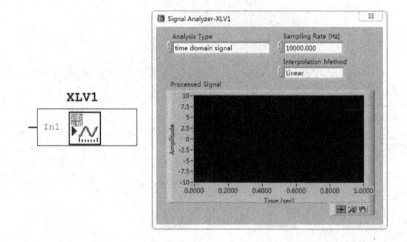

图 7-26　信号分析仪

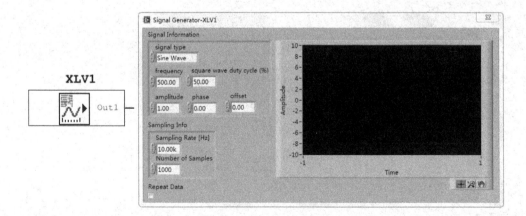

图 7-27　信号发生器

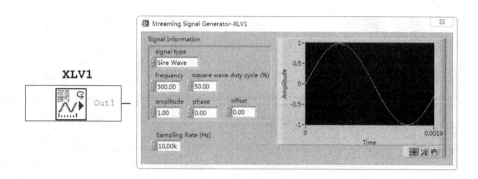

图 7-28　流信号发生器

17．仿真 Tektronix 示波器

Tektronix 示波器的型号是 TDS2024，图标和面板如图 7-29 所示，仪器与真实仪器的面板、按钮、旋钮操作方式完全相同，使用起来更加真实。TDS2024 有 4 个模拟通道，宽带为 200MHz。Tektronix 示波器下方的 1～4 连接端是 4 个信号输入端，最右侧的 T 是外接触发信号端，左侧的 G 是接地端，P 为校准脉冲波形端。单击电源按钮即可使用示波器实现各种波形的测量。

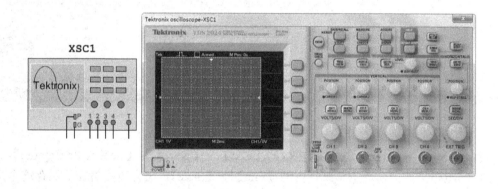

图 7-29　仿真 Tektronix 示波器

18．电流钳（Current Clamp）

电流钳将流过电线的电流转换为器件输出端的电压。然后，输出端连接到示波器上进行观测，其中电流根据探头的电压-电流比确定。必须注意不能将电流钳夹放置在连接点上。

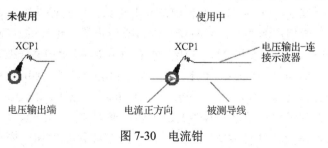

图 7-30　电流钳

電路实验

7.3 电路图绘制

Multisim 14.0 的基本操作界面如图 7-31 所示，与所有的 Windows 应用程序类似，可在菜单中找到所有功能的命令，同时在工具栏中提供一些快捷按钮。下面将通过一个简单的例子对 Multisim 14.0 的基本功能和操作做简单的介绍。

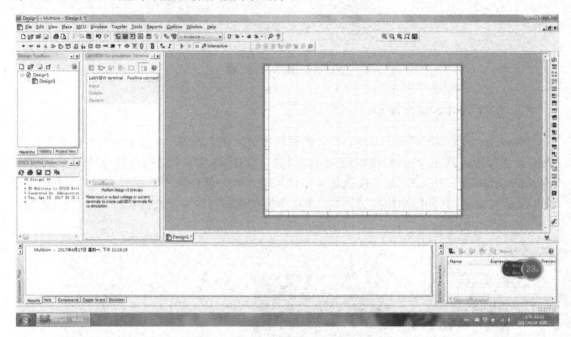

图 7-31　Multisim 软件基本操作界面

运行 Multisim 14.0，选择主菜单栏内的【File】→【New】→【Schematic Capture】，打开一个空白的电路文件。选择主菜单栏内的【File】→【Save】，在合适的路径下保存这个文件。如果要进行 PCB 制板等，则需要建立一个工程，选择主菜单栏内的【File】→【New Project…】。接下来，选择主菜单栏内的【Place】→【Component…】或单击元器件菜单栏的符号，弹出如图 7-32 所示的对话框，向绘制电路的工作区放置元器件。

在 Multisim 14.0 中，元器件被分成几个库，每个库包含若干元器件组，每个组包含若干元器件族。其中，元器件组在元器件菜单栏中有对应的快捷按钮。在图 7-32 中，Database（元器件库）下拉菜单有 3 个选项，默认选择的是 Master Database（主元器件库）。Corporate Database 和 User Database 分别表示公司元器件库和用户元器件库。主元器件库中存储了大量常用元器件，基本可以满足一般用户的要求，后两者是为特殊用户需要设计的。Group（元器件组）中给出了 16 个元器件组（后两库中仅有 15 组，没有 Advanced_Peripherals），分别为 Sources、Basic、Diodes、Transistors、Analog、TTL、CMOS、MultiMCU、Advanced-Peripherals、Misc Digital、Mixed、Indicators、Misc、RF、Electro_Meche 和 Ladder_diagrams。基本虚拟元器件的参数可以任意修改和设置；额定元器件的最大允许通过电流、电压、功率等都是有限制的，超过它们的额定值，该元器件将被击穿和烧毁；三维立体元器件和实物一样，具有类似于实

164

际器件的尺寸、外观、引脚等，其参数不能更改；真实元器件只能调用，不能修改它们的参数，但是极个别情况下（如晶体管的 β 值）也是可以修改的。

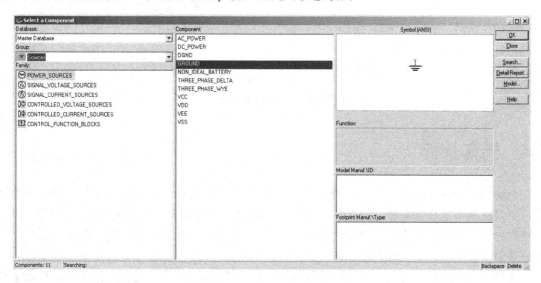

图 7-32　元器件选择对话框

首先选择【Sources】组，在【POWER_SOURCES】族中选择【DC_POWER】选项。确定元器件后，会看到绘制电路的工作区有元器件的虚影随鼠标移动，将鼠标移到放置元器件的左上角位置，单击鼠标，元器件就出现在电路工作区中。接着在图 7-32 所示的对话框中选择【Sources】→【POWER_SOURCES】→【GROUND】和两个【Basic】→【BASIC_VIRTUAL】→【RESISTOR_VIRTUAL】。

在 Multisim 14.0 的操作界面上，【---In Use List---】的下拉列表框中存储了所有目前使用的元器件，重复的元器件也可以直接在这里用鼠标单击它的名称来选择。

放置元器件后，可以对其位置和参数进行编辑，常用的功能有旋转、翻转、设置参数值等。这些操作可以在主菜单栏内【Edit】子菜单下选择命令，也可以用鼠标右键单击元器件或使用快捷键。例如组合键【Ctrl+R】为顺时针旋转 90°；【Alt+X】为水平翻转等。用鼠标双击元器件，则可以弹出设置元器件参数的对话框。

双击电阻 R2，在弹出的对话框中选择【Value】标签，修改【Resistance】（电阻值）为 2，在其后的单位窗口中选择 kOhm。用【Ctrl+R】快捷键顺时针旋转电阻 R2。用鼠标左键单击电路工作区的元器件，按住鼠标不放可以移动其位置，移动到合适位置后放开鼠标即可。

全部元器件都放置在电路工作区的合适位置以后，就可以进行线路的连接了。将鼠标置于元器件引脚上，鼠标指示变为带实心圆点的"+"形状后，单击鼠标，移动鼠标至另一元器件引脚，即完成两者之间的连接。除引脚之间的连接外，引脚还可以连接到导线上。将鼠标置于元器件引脚处单击，移动到导线上再次单击，即可完成连接。

最后，根据需要添加合适的虚拟仪器仪表。通过主菜单栏内的【Simulate】→【Instruments】或虚拟仪器仪表栏选择【Multimeter】（万用表），按与元器件放置、连接和编辑相同的方法进行操作，结果如图 7-33 所示。

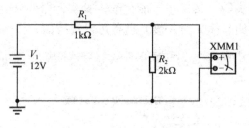

图 7-33　绘制好的电路图

7.4　仿真分析

电路图绘制完毕,就可以对电路进行仿真分析了。Multisim 14.0 软件提供了多种分析方法,如直流静态工作点分析、直流扫描分析、交流分析、瞬态分析、傅里叶分析、噪声分析、灵敏度分析、最坏情况分析、参数扫描分析、零极点分析、传递函数分析、温度扫描分析、批处理分析和用户自定义分析等。

选择主菜单栏内的【Simulate】→【Analyses and Simulation】→【DC Operating Point】或单击主工具栏中的【Interactive】按钮,选择【DC Operating Point】确定分析类型为直流静态工作点分析,如图 7-34 所示。

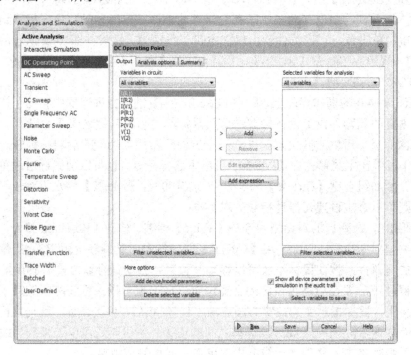

图 7-34　直流静态工作点分析

大多数的分析对话框有多个标签,包括:分析参数标签,用来设置这个特殊分析的参数;输出参数标签,确定分析的节点和结果;杂项选项标签,选择图表的标题等;概要标签,可以统一观察本分析的所有设置。不同分析对应的标签也不相同,请读者在使用过程中加深了解，这里就不一一描述了。

直流静态工作点分析（DC Operating Point）的对话框如图 7-34 所示。在【Output】标签中选择需要分析的节点：在左侧【Variables in circuit】栏内选择 I（R1）、P（R2）和 V（1）等需要测试的变量，单击【Add】按钮，该节点就出现在右边【Selected variables for analysis】栏等待分析。如果选错变量，那么在【Selected variables for analysis】栏中选中它，然后单击【Remove】按钮，该变量就会回到左边【Variables in circuit】栏中。还可以单击【Add expression…】按钮添加变量的函数表达式，在输出文件中得到相应的结果。

在各个分析方法对应的对话框中用鼠标左键单击【Run】按钮，预先设定要分析的各个变量的结果就会显示出来，如图 7-35 所示。节点 1 的电压为 7.999 99V，节点 2 的电压为 12.000 00V，流过电源 V1 的电流为-4.000 01mA，R1 的功率为 16.000 04mW 等。

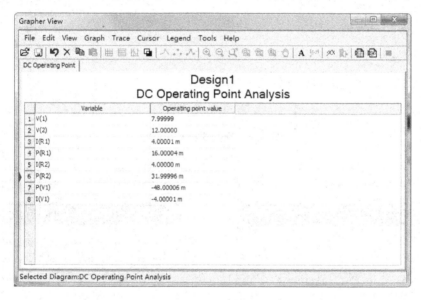

图 7-35　仿真分析结果

如果电路中要观察的参数可以直接由虚拟仪器仪表得到，那么选择主菜单栏内的【Simulate】→【Analyses and Simulation】→【Interactive Simulation】（交互式仿真），如图 7-36 所示，确定参数后单击【Run】按钮，或者单击主工具栏中的【Run】按钮。如果虚拟仪器设备不处于"打开"状态，可以双击图标"打开"它。要停止仿真，可以用鼠标左键单击主菜单栏内的【Simulate】→【Stop】命令，或者单击主工具栏中的【Stop】按钮。

对于图 7-33 所示的电路，启动仿真后，双击 XMM1，单击 V 按钮，如图 7-37 所示，可以看到此时被测电压为 8V。单击 A 按钮，此时 R2 被短路，如图 7-38 所示，可以看到被测电流为 12mA。经过计算可知，这些结果都与理论值相符。

如果没有特殊设置或要储存数据供后续分析使用，分析结果会在 Multisim 14.0 绘图器中以图表的形式显示。

通过上面这个简单直流电路分析的例子可以看出，使用 Multisim 14.0 进行电路仿真分析一般包括以下三步：绘制电路图、确定分析类型和仿真并输出结果。读者可以利用本书第 6 章的 15 个实验项目进行仿真分析的练习。

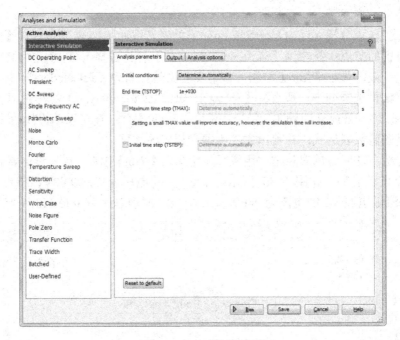

图 7-36　交互式仿真对话框

图 7-37　万用表测直流电压

图 7-38　万用表测直流电流

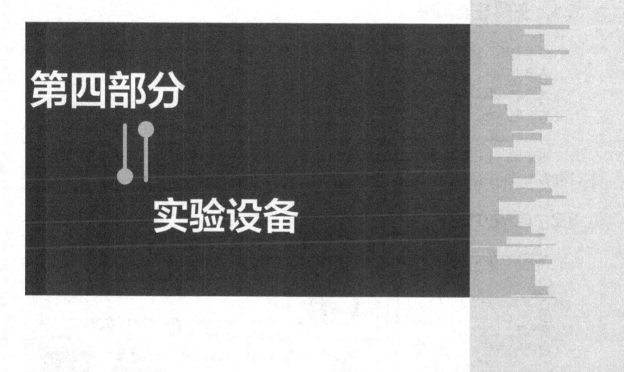

第四部分

实验设备

第 8 章　SBL-1 型电路实验平台

8.1　主要性能指标

供电电压：380V，50Hz。

直流电压源：0～30V 连续。

直流电流源：0～200mA。

直流电压表：0～20V。

直流电流表：0～20mA。

电量仪：电压额定值 AC 500V，电流额定值 AC 2A，过载持续 1.2 倍、瞬时 10 倍/10s，工作温度-10℃~50℃。

8.2　面板介绍

图 8-1 和图 8-2 所示分别为 SBL-1 型电路实验平台的下层和上层。

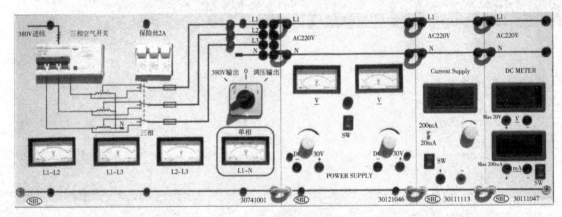

图 8-1　电路实验平台下层

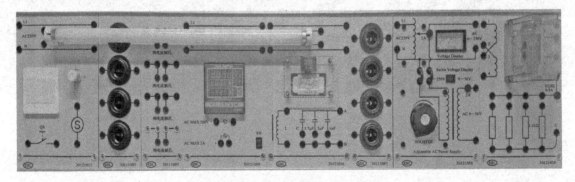

图 8-2　电路实验平台上层

（1）30741001 为供电电源模块，包含三相空气开关、熔丝、电源输出模式选择开关、电压输出孔和指示仪表等几部分。

（2）30121046 为 POWER SUPPLY，是双路直流稳压电源模块，包含电源开关、输出调节旋钮、指示仪表、输出孔等几部分。

（3）30111113 为 CURRENT SUPPLY，是直流稳流电源模块，包含电源开关、输出调节旋钮、指示仪表、输出范围选择开关、输出孔等几部分。

（4）30111047 为 DC METER，是直流电压表和电流表模块，包含电源开关、直流电压表、直流电流表、输入孔等几部分。

（5）30121012 为启辉器模块，包含开关、启辉器、荧光灯灯座、接线插孔等几部分。

（6）30111093 为白炽灯灯座模块。

（7）30111055 为电流插孔模块。

（8）30121098 为单相电量仪模块，单相电量仪型号为 HF9600E。

（9）30121036 为镇流器模块，包含镇流器、电容、荧光灯灯座、接线插孔等几部分。

（10）30121058 为 Adjustable AC Supply，是单相交流调压器模块。

（11）30121038 为变压器负载特性模块。

8.3 使用方法

（1）电路实验平台由 380V、50Hz 的三相电供电，如图 8-1 所示，30741001 块中，L1、L2、L3 之间为 380V 电压，L1 与 N、L2 与 N、L3 与 N 之间为 220V 电压。三相空气开关和保险丝起保护作用；四块指针式仪表分别指示相电压和线电压；电压输出有 380V 固定输出和调压输出两种方式，当选择调压输出时，L1、L2、L3、N 之间的电压都可以调节，调节旋钮位于此模块的左侧面，逆时针方向降低输出电压。

（2）POWER SUPPLY 模块提供双路 0～30V 可调稳压源，可以单独使用，也可以同时使用，逆时针方向减少输出电压，2kΩ 负载以下时，输出特性与理想电压源几乎一致。

（3）CURRENT SUPPLY 模块提供 0～200mA 可调稳流源，2kΩ 负载以下时，输出特性与理想电流源几乎一致，逆时针调节旋钮可使输出电流降低。

（4）DC METER 模块提供一块直流电压表和一块直流电流表。电压表量程为 20V，被测电压高电位接红色输入插孔时，显示正值；被测电压高点位接黑色插孔时，显示负值。电流表量程为 200mA，被测电流由红色输入插孔流入时，显示正值；被测电流由黑色插孔流入时，显示负值。

（5）电流插孔模块配有专门的电流测试导线，是两条连在一起的黑色导线。使用时，先用一个连接线把上层插孔连接好，需要测试电流或改变线路结构时将电流测试线接入下层，并拔掉上层插孔内的连接线。

（6）单相交流调压器模块可以将输入的 220V 交流电压变为 36V。

（7）单相电量仪的面板共有 4 个按钮，每一个按钮都具有两种功能，分别有正常使用的基本功能和进入设置界面的特殊功能，如图 8-3 所示。

单相电量仪可以测量的电量信息有 U（电压）、I（电流）、P（有功功率）、P_F（功率因素）、S（视在功率）、Q（无功功率）、Φ（四象限角度）。在非设定状态下，按"S2"或"S3"键可切换显示所有电量信息，当切换到"Ep"和"Eq"时，下面两排为有功电能及无功电能数据。除了"Ep"和"Eq"界面，其他界面电压和电流会同时显示。

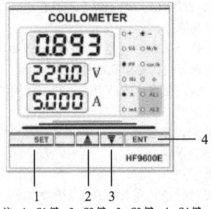

注：1—S1键；2—S2键；3—S3键；4—S4键。

图 8-3　单相电量仪面板图

S1 键，正常状态下，单独按下此键无作用，和 S4 键配合使用时，将会进入设置界面。在设置功能下，按下此键表示退出当前设置界面或菜单；设置数据时，按下此键表示取消当前参数设置。

S2 键，正常显示时按下此键切换功能界面；在设置功能下的菜单模式时，按下此键表示菜单上翻；设置数据时，按下此键表示数值减小。

S3 键，正常显示时按下此键切换功能界面；在设置功能下的菜单模式时，按下此键表示菜单下翻；设置数据时，按下此键表示数值增加。

S4 键，正常状态下，单独按下此键无作用，和 S1 配合使用时，将会进入设置界面。在设置功能下的菜单模式时，按下此键表示进入当前菜单设置；设置数据时，按下此键表示当前数值确定；在数据增加或减少时，配合此键按下，数值变化加速。

在循环显示界面，按 S2 或 S3 键，界面第一行会显示"Ep"，表示显示有功电能数据。采用八位数码管显示电能，如图 8-4 所示的有功电能是 0.069Wh。

在循环显示界面，按 S2 或 S3 键，界面第一行会显示"Eq"，表示显示无功电能数据。采用八位数码管显示电能，如图 8-5 所示的无功电能是 0.893Varh。

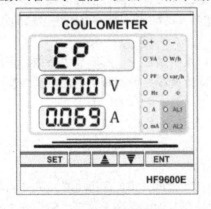

图 8-4　有功电能数据显示

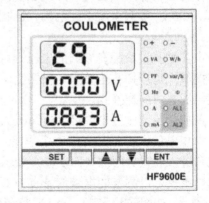

图 8-5　无功电能数据显示

在循环显示界面，按 S2 或 S3 键，指示灯会显示在 "Φ"，表示第一行显示角度数据。如图 8-6 所示的角度是 53 度，表示设备工作在第一象限，即有功功率为正，无功功率同样是正值。

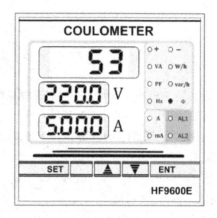

图 8-6　角度数据显示

8.4　注意事项

（1）POWER SUPPLY 在使用中不可出现短路的情形。

（2）三相电源 L1、L2、L3 与 N 之间在使用中不可出现短路的情形。

（3）CURRENT SUPPLY 在使用中不可出现开路的情形。

（4）实验电路中出现交流电时，应使用交流电专用导线。

（5）通电前，所有电源输出旋钮置于输出为零处。

（6）使用中严禁用手碰触带电位置。

（7）按实验要求确保电量仪接线正确、功能键选择正确。

第 9 章　SX2172 型交流毫伏表

9.1　主要性能指标

（1）交流电压测量范围：100μV～300V。仪器共分十二挡量程：1mV、3mV、10mV、30mV、100mV、300mV、1V、3V、10V、30V、100V、300V。

dB 量程分十二挡量程：–60dB、–50dB、–40dB、–30dB、–20dB、–10dB、0dB、+10dB、+20dB、+30dB、+40dB、+50dB。

本仪器采用两种 dB 电压刻度（（0dBm =1V，0dB=0.775V）。

（2）电压固有误差：满刻度约±2%（1kHz）。

（3）基准条件下的频率影响误差（以 1kHz 为基准）：5Hz～2MHz，±10%；10Hz～500kHz，±5%；20Hz～100kHz，±2%。

（4）输入电阻：1～300mV，8MΩ±10%；1～300mV，10MΩ±10%。

（5）输入电容：1～300mV，小于 45pF；1～300V，小于 30pF。

（6）最大输入电压：AC 峰值+DC=600V。

（7）噪声：输入短路时小于 2%（满刻度）。

（8）放大器。

① 输出电压：在每一个量程上，当指针指示满刻度"1.0"位置时，输出电压应为 1V（输出端不接负载）。

② 频率特性：10Hz～500kHz-3dB（以 1kHz 为基准）。

③ 输出电阻：600Ω，允许误差±20%。

④ 失真系数：在满刻度上小于 1%（1kHz）。

9.2　面板介绍

1．表头

交流毫伏表的正面如图 9-1 所示，表头刻度盘上共刻有四条刻度。第一条刻度和第二条刻度为测量交流电压有效值的专用刻度，第三条和第四条为测量分贝值的刻度。当量程开关选在某个挡位（如 1V 挡位）时，交流毫伏表可以测量外电路中电压的范围是 0～1V，满刻度的最大值是 1V。

2．机械零调节螺钉

弹起电源矩形开关按钮"7"至"断"位，用一个绝缘起子调节机械零调节螺钉，使指针置零。

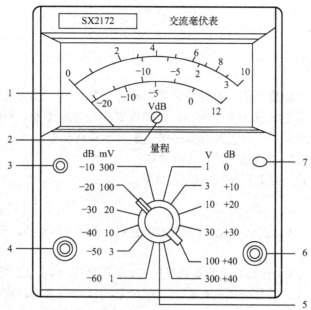

注：1—表头；2—机械调节螺钉；3—指示灯；4—输入；5—量程旋钮；6—输出；7—电源开关。

图 9-1　交流毫伏表

3．指示灯

当电源矩形开关按钮"7"按下至"通"位时，指示灯应该点亮。

4．输入（高频插座 Q9-50y）

该端用来输入被测量的电压。

5．量程旋钮

量程旋钮是用来选择满刻度值，在每一挡的位置上，满刻度的电压值是用黑色来表明。而 0dB 刻度的绝对电平如 dB 示值。

6．输出

本仪器用来作为一个放大器时，这是个"信号"输出端。在量程开关"5"每一挡的位置上，当表头指示是满刻度"1.0"位置时，得到 1V 有效值电压。

7．电源开关

按下矩形开关至"通"位，电源就被接通。

9.3 使用方法

1．开机前的准备工作

因为交流毫伏表灵敏度较高，打开电源后，外界干扰信号（感应信号）通过输入测试电缆进入电路被放大后会使指针会发生偏转，这种现象称为自起现象。在较低量程时，表头的指针会因动作剧烈导致弯曲，所以开机前必须完成以下两项准备工作：

（1）将通道输入端的测试线的红、黑端短接；

（2）将量程开关置于最高量程（300V）位置。

2．操作步骤

（1）接通 220V、50Hz 交流电源，按下电源开关，电源指示灯亮，仪器需预热 10s，之后处于正常工作状态。

（2）测量前短路调零。开机前已将测试线的红、黑端接在一起，此时将量程旋钮旋至 1mV 量程，指针应指在零位，若指针不指在零位，应检查测试线是否有断路或接触不良等问题，有则更换测试线。

（3）将输入测试线上的红、黑两端断开后与被测电路并联，红色端接被测电路的正端，黑色端接被测电路的地端。

（4）观察表头指针在刻度盘上所指的位置，若指针在起始点位置基本没动，说明被测电路中的电压很小，毫伏表量程选得过高，此时用递减法由高量程向低量程变换，直到表头指针指到满刻度的 2/3 左右。

（5）读数。当量程开关分别选 1mV、10mV、100mV、1V、10V、100V 挡时，从第一条刻度读数；当量程开关分别选 3mV、30mV、300mV、3V、30V、300V 时，应从第二条刻度读数。当用该仪表去测量外电路中的电平值时，需要从第三、四条刻度读数，读数方法是量程数加上指针指示值，等于实际测量值。

9.4 注意事项

（1）在交流毫伏表通电之前，一定要将测试线的红、黑两端相互短接，并将量程旋钮旋至最高量程挡，防止表头的指针被打弯。

（2）使用前应先检查量程旋钮与量程标记是否一致，若错位会产生读数错误。

（3）为了保证仪器稳定性，需预热 10s 后使用，开机后 10s 内指针无规则摆动属正常现象。

（4）当被测电路中电压值未知时，首先将毫伏表的量程开关置于最高量程，然后根据指针位置，采用递减法合理选挡。

（5）在不测试信号时将量程旋钮旋至最高量程挡，以防打弯指针。

（6）测量高电压时测试线的黑色端必须接"地"。

（7）读数前检查量程旋钮位置，选择正确的读数刻度线，选错读数刻度线会得到错误数据。

（8）交流毫伏表只能用来测量正弦交流信号的有效值，若测量非正弦交流信号，要经过换算才能得到正确结果。

第10章 SG1005P型数字合成信号发生器

10.1 主要性能指标

1．波形特性

主波形：正弦波、方波、三角波、脉冲波、TTL 波。

采样速率：50Msa/s。

正弦波谐波失真：–50dBc（频率<1MHz）；–40dBc（频率<6MHz）。

正弦波失真度：0.1%（20Hz～100kHz）。

方波升降时间：<15ns。

正弦波谐波失真、正弦波失真度、方波升降时间测试条件：输出幅度峰值 2V，环境温度 25℃。

2．频率特性

频率范围：10mHz～5MHz。

分辨力：10mHz。

频率误差：±0.000 005。

频率稳定度：±0.000 001。

3．幅度特性

阻抗：50Ω±10%。

幅度范围：$1mV_{p-p}$～$20V_{p-p}$（在–60dB 输出端最小信号幅度小于 1mV）。

幅度分辨力：1mV。

幅度稳定度：±0.5%每 5 小时。

幅度误差：±（1%+2mV）（频率 1kHz 下测试）。

4．功率特性

频率范围：10mHz～200kHz。

输出幅度：≥$20V_{p-p}$。

输出功率：≥4W。

保护功能：输出端过流时，切断信号并具有延时恢复功能。

偏置范围：–10V～+10V。

偏置分辨力：100mV。

5．调频特性

调制方式：内调制。

调制信号：正弦波（FM）、方波（FSK）。

调制速度：10ms～50s。

深度：载波频率的 100%。

6．调幅特性

调制方式：内调制、外调制。

调制信号：正弦波、方波（内调制）；外部输入信号（外调制）。

调制频率：1kHz（内部调制）；外部输入信号频率（外调制）。

调制深度：1%～120%（内调制）；外部输入信号 0～10V 峰值。

7．调相特性

调相范围：0.1°～360.0°。

分辨力：0.1°。

调制速度：10ms～50s。

8．扫频特性

扫频范围：10mHz～5MHz（SG1005）。

扫描时间：10ms～50s。

扫描方式：线性扫频、对数扫频。

9．其他特性

在仪器的后底座上有一个 50Hz 正弦波输出，利用它可以方便地做出图形实验。

10．频率/计数器技术指标

频率测量范围：1Hz～10MHz，可扩展至 100MHz。

最小输入电压："内部衰减"开，1V；"内部衰减"闭，100mV。

最大允许输入电压：20V。

测量闸门时间：0.1s（快速）、1s（慢速）。

"内部低通"特性：截止频率约为 100kHz。

带内衰减：<-3dB。

带外衰减：>-30dB。

计数容量：17 位十进制数。

控制方式：手动控制。

11．其他技术指标

个数控制：0～20kHz 下正弦波、方波、脉冲波、三角波个数可控，最大个数输出为 65 535；调制波、键控波、扫描波任意频段个数可控，最大个数输出为 65 535。

校准功能：函数发生部分避免了烦琐的硬件调节校准方式，仪器所有参量均可以程控方式校准。

10.2　面板介绍

数字合成信号发生器如图 10-1 所示。

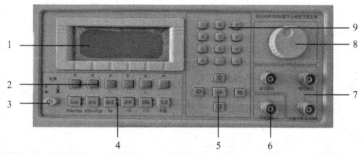

注：1—显示屏；2—屏幕键；3—电源开关；4—快捷键；5—方向键；6—输入；7—输出；8—调节旋钮；9—数字键。

图 10-1　数字合成信号发生器

1．显示屏

显示菜单及波形信息等内容。

2．屏幕键

屏幕键是对应特定的屏幕显示而产生特定功能的按键。把它们从左向右分别叫作【F1】、【F2】、【F3】、【F4】、【F5】、【F6】键。例如，通道 1 的设置中它们的功能分别对应屏幕的"波形""频率""幅度""偏置""返回"功能。

3．电源开关

按下开关到开的状态，电源接通。

4．快捷键

快捷键包含【Shift】、【频率】、【幅度】、【调频】、【调幅】、【菜单】6 个键，它们的主要功能是方便快速地进入某项功能设定或常用的波形快速输出。

（1）当显示菜单为主菜单时，可以通过单次按下【频率】、【幅度】、【调频】、【调幅】键进入相应的频率设置功能、幅度设置功能、调频波和调幅波的输出。还可以通过按下【Shift】键配合【频率】、【幅度】、【调频】、【调幅】、【菜单】键来进入相应的"正弦波""方波""三

角波""脉冲波"的输出，即为按键上面字符串所示。

（2）当显示菜单为频率相关的设置时，快捷键所对应的功能为所设置的单位。例如，在频率设置时，可以按下数字键【8】，再按下【幅度】来输入 8MHz 的频率值。

（3）任何情况下都可以通过按下【菜单】键来强迫设备从各种设置状态进入主菜单。

5．方向键

方向键包含【Up】、【Down】、【Left】、【Right】、【OK】5 个键，它们的主要功能是移动设置状态的光标和选择功能，被选择的内容以反白的方式呈现。

当为计数功能时，【OK】键为暂停/继续计数键，当按下奇数次时为暂停，偶数次时为继续，【Left】为清零键。

6．输入

外测量信号输入接口。

7．输出

包含 3 个输出接口：功率输出接口、电压输出接口和小信号输出接口。

8．调节旋钮

在特定功能下可以改变数字量的大小，顺时针旋转时为增大。

9．数字键

数字键可用来快速输入数字量，包含【0】～【9】、【.】和【-】共 12 个键。在数字量的设置状态下，按下任意一个数字键，屏幕会出现一个对话框，保存所按下的键，按【OK】键输入默认单位，按下相应的单位键来输入相应的单位。

10.3 使用方法

当正常加电或执行"软复位"操作时，可以看到如图 10-2 所示的欢迎界面，并伴随一声蜂鸣器的响声。欢迎界面大约停留 1s，之后是仪器自检状态。仪器自检通过后屏幕显示主菜单。

图 10-2　欢迎界面

1. 主菜单

如图 10-3 所示，主菜单包括子菜单选项和当前输出提示。

图 10-3　主菜单

（1）"波形：正弦"表示当前通道 1 输出波形为正弦波。

（2）5.0V、500.000000kHz 表示当前输出波形的幅度和频率。

（3）按下【Shift】键，奇数次确认，偶数次取消。

（4）【主波】为主波形输出（正弦波、方波、三角波、脉冲波）二级子菜单。

（5）【调制】为仪器调制功能二级子菜单。

（6）【扫描】为仪器扫描功能二级子菜单。

（7）【键控】为仪器键控功能二级子菜单。

（8）【测量】为仪器测量功能二级子菜单。

（9）【系统】为系统功能二级子菜单。

2. 二级子菜单

当按下"主波"等对应的屏幕键【F1】～【F6】时，便进入二级子菜单。

（1）"主波"二级子菜单

如图 10-4 所示，可以通过方向键来选择波形，通过屏幕键来设定要输出波形的其他参数。

图 10-4　"主波"二级子菜单

（2）"调制"二级子菜单

如图 10-5 所示，可以通过方向键来选择要输出的调制波。屏幕菜单分别对应的功能设定如下。

① 【波形】为调制波形选择。

② 【频率】为载波频率。

③ 【幅度】为载波幅度。

④ 【速度】为调制的速度，即调制波频率，时间量表示，折合频率为 0～100Hz。

⑤ 【深度】为调制深度，调频时为调频深度，是频率量；调幅时为调幅深度，为幅度量；调相时为调相深度，为相位量。

⑥【个数】调制波的个数输出，范围为 0～65 535 个。

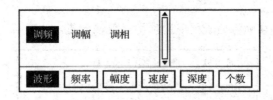

图 10-5 "调制"二级子菜单

（3）"扫描"二级子菜单

如图 10-6 所示，可以通过方向键来选择要输出的扫描波形。屏幕菜单分别对应功能设定如下。

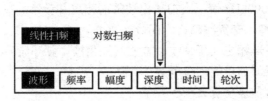

图 10-6 "扫描"二级子菜单

①【波形】为扫描波形选择，分线性、对数两种频率扫描方式。

②【频率】为扫描的起点。

③【幅度】为扫描波的速度。

④【深度】为频率扫描波的宽度。

⑤【时间】为扫描一次（从起点到终点）所用时间设定功能。

⑥【轮次】为多少个从起点到终点的循环，即扫描波个数。

（4）"键控"二级子菜单

如图 10-7 所示，屏幕键所对应的功能设定如下。

图 10-7 "键控"二级子菜单

①【波形】为键控波形选择。

②【频率】为载波频率。

③【幅度】为载波幅度。

④【速度】为键控的速度，时间量表示，折合频率为 0～10kHz。

⑤【深度】为键控深度，键频时为调频深度，是频率量；键幅时为键幅深度，为幅度量；键相时为键相深度，为相位量。

⑥【个数】键控波的个数输出，范围为 0～65 535 个。

（5）"测量"二级子菜单

如图 10-8 所示，屏幕键所对应的功能设定如下。

图 10-8　"测量"二级子菜单

① 【计数】为计数器功能，当外部有满足要求的信号输入时，计数一直在进行，如果需要暂停计数，按下【OK】键，再次按下【OK】键继续本次计数。

② 【频率】为频率测量功能。

③ 【周期】为周期测量功能。

④ 【正脉】为测量正脉宽功能。

⑤ 【负脉】为测量负脉宽功能。

⑥ 【组态】用于测量时对被测信号进行预处理，达到最佳测量目的，包含"衰减"、"低通滤波"及"快速"。"快速"指测量闸门时间，未选定时大约为 1s，选定时大约为 0.1s。"衰减"、"低通滤波"及"快速"可以通过方向键使其反白，然后通过【OK】键改变其状态。

（6）"系统"菜单

如图 10-9 所示，菜单项功能定义如下。

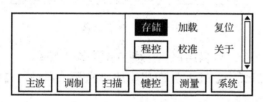

图 10-9　"系统"菜单

① 【存储】当前仪器设置参数存储功能，可存储 3 组用户设置信息。

② 【加载】与存储功能所对应，加载用户以前存储的信息。

③ 【复位】提供软复位功能，在不重新加电的情况下初始化仪器所有参数。

④ 【程控】设定 GPIB 地址等仪器可程控项。

⑤ 【校准】为仪器校准功能，有密码保护，暂时不对用户开放。

⑥ 【关于】提供本机相关信息。

3．其他功能

（1）程控功能

本仪器包含有标准 GPIB、RS 232 接口可选配件，以选配接口配件来扩充仪器功能，由计算机控制组成自动测试系统。

（2）存储/加载功能

本仪器内部含有长寿命的 Flash ROM，可以对当前设定频率值、幅度值、波形种类、偏

置、调制速度、深度、扫描起始位置、终止位置、扫描时间等所有设置参数进行存储，存储时间达百年以上。

（3）波形个数控制功能

每种波形设置下都有"个数"这一项，可以通过改变"个数"参数来达到输出任意个波形的功能。当进入"个数"菜单时，仪器切断波形的输出，等设置完个数后，按一次【OK】按钮来触发输出，仪器会输出所设置的具体的波形个数，个数输出完成后，仪器切断波形输出。当离开"个数"菜单时，"个数"参数由系统自动清零。

4．操作范例

【例1】 产生一个 20MHz、峰值 5V、直流偏置-2V 的正弦波。

（1）主波设置

默认波形为正弦，不需要进行设置。

（2）频率设置

按下"频率"菜单对应屏幕键【F2】，"频率"菜单被激活，进入频率设置，如图 10-10 所示。

图 10-10　频率设置

系统默认频率为 10MHz，可以用以下三种方法来输入频率。

① 通过按方向键【Left】、【Right】来移动选择光标，再通过【Up】、【Down】来增加、减少频率数值。

② 通过按方向键【Left】、【Right】来移动光标，再通【调节旋转】的顺时针、逆时针旋转来增加、减少频率数值。

③ 通过数字键盘输入：进入频率设置状态后，当按下数字键盘任意一个按键后，屏幕会出现一个小窗口，输入待输入的数字后，按【调幅】、【调频】、【幅度】快捷键来选择显示的单位为 Hz、kHz、MHz，最后按【OK】键确认。

（3）用同样的方法选择"幅度"、"偏置"菜单，并输入幅度为 5V，偏置为-2V。

【例2】 产生载波为 1MHz 正弦波、幅度峰值为 5V、调制波频率为 100Hz 的调频波，其中频偏为 300kHz。

进入主菜单，选择指向"调制"二级子菜单的屏幕键【F2】，进入如图 10-5 所示的菜单。

① 让"波形"菜单指向调频，按指向【速度】的屏幕键【F5】来设置调制速度，即调制波的速度为 0.01s（即为 100Hz）。

② 按下指向【深度】的屏幕键【F4】来设置调制的深度即调频的频偏，设定为 300kHz。

③ 设置载波：按下屏幕键【F2】，按照例 1 中设置的方法，设置为 1MHz、幅度峰值为 5V 的正弦波作为载波。

④ 按下返回键，进入调制状态。

【例3】 产生一个起始频率为100kHz、终止频率为500kHz、扫描时间为1s、幅度为5V的方波对数扫描波。

① 进入"主波"菜单，"波形"设置为方波，"幅度"设置为5V。

② 按下指向"扫描"菜单的屏幕键【F3】，进入扫描方式，用方向键选择"对数扫频"菜单，如图10-11所示。

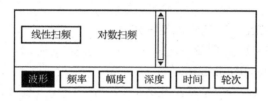

图10-11　扫描方式选择

③ 按下指向"频率"指向的屏幕键【F2】，设定起点频率为100kHz。

④ 按下指向"深度"指向的屏幕键【F4】，设定终点频率为400kHz。

⑤ 按下指向"时间"菜单的屏幕键【F5】，设定扫描时间为1s。

⑥ 可以通过设置"轮次"菜单来设置输出扫频波的个数。

10.4　注意事项

（1）除【菜单】键外，快捷键并不是在任何菜单下都有效的。

（2）方向键是不可以移动菜单项的，菜单项是通过屏幕键来选择的。

（3）选择【波形】时，只需要按方向键即可，反白显示的波形表示已经选定了，不需要按【OK】键确认。

（4）频率测量的数值是仪器自动刷新显示的，并且显示单位也是自动完成的，只需要设置好测量闸门时间和组态状态即可。

（5）扫描波的步进值是仪器内部微处理器自动算出的，只需要设定扫描一轮的时间即可。

（6）本仪器计数位数达 16 位之多，如果要溢出，需要达到计数 9999999999999999。例如输入信号为100MHz时，溢出需要大约 3 年，所以不必担心计数值溢出。

（7）如果当前仪器设置已经紊乱，可以通过【系统】→【复位】进行重置。

（8）外调制输入端在仪器的后底座上，在使用时请选择好适当的幅度。

（9）可选接口配件为 IEEE-488（GPIB）接口，全中文交互式菜单操作面板。

第 11 章　YB4320G 型双踪示波器

11.1　主要性能指标

YB4320G 型双踪示波器的主要性能指标如下。

（1）垂直工作方式：CH1、CH2、双踪（交替、断续）、叠加。

（2）垂直带宽：DC～20MHz-3dB。

（3）垂直偏转系数：1mV～5V/div；1-2-5 进制分 12 挡，误差±5%（1mV～2mV±8%）。

（4）上升时间：5mV-5V/div，约 17.5ns；1mV-2mV/div，约 35ns。

（5）水平显示方式：A、A 加亮，B、B 触发。

（6）扫描偏转系数：A，0.5s～0.1μs/div；B，0.5ms～0.1μs/div；×5 扩展，20ns/div。

（7）扫描线性误差。×1：±8%；扩展×10：±15%。

（8）触发方式：自动、常态、单次、触发锁定、TV-V、TV-H。

（9）触发源：CH1、CH2、电源、外接。

（10）用电电源：AC 220V±10%。最高安全输入电压：400V（DC+ACpeak）≤1kHz。

11.2　面板介绍

双踪示波器的面板主要分为显示屏、电源、垂直方向、水平方向、触发等几部分，分区比较明显，下面详细介绍各部分对应的开关、按键和旋钮的作用。

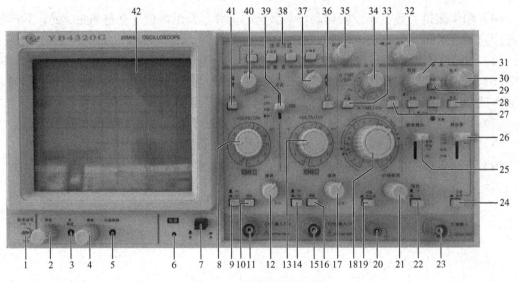

图 11-1　双踪示波器面板

1．校准信号输出端

提供 1kHz±2%，2Vp–p±2%方波用于本机 Y 轴、X 轴校准用。

2．辉度旋钮

控制光点和扫描线的亮度，顺时针方向旋转旋钮，亮度增强。

3．辉度 B 旋钮

延迟扫描辉度控制钮，顺时针方向旋转此钮，增加延迟扫描 B 显示光迹亮度。

4．聚焦旋钮

用辉度控制钮将亮度调至合适的标准，然后调节聚焦控制旋钮直至光迹达到最清晰的程度。虽然调节亮度时，聚焦电路可自动调节，但聚焦有时也会有轻微变化，如果出现这种情况，需要重新调节聚焦旋钮。

5．光迹旋转

由于磁场的作用，当光迹在水平方向轻微倾斜时，该旋钮用于调节光迹与水平刻度平行。

6．电源指示灯

电源接通时，指示灯亮。

7．电源开关

将电源开关按键弹出即为"关"位置，将电源线接入，按电源开关键，接通电源。

8．CH1 衰减器开关（VOLTS/DIV）

用于选择垂直偏转系数，共 12 挡，1mV～5V/div，垂直方向 1cm 代表的电压数值。如果使用的是 10：1 的探极，计算时还需要将幅度乘以 10。

9．CH1 交流/直流转换按键（AC–DC）

输入信号与放大器连接方式选择开关。
交流（AC）：放大器输入端与信号连接由电容器来耦合。
直流（DC）：放大器输入端与信号输入端直接耦合。

10．CH1 接地按键（GND）

输入信号与放大器断开，放大器的输入端接地。

11．CH1 输入端

该输入端用于垂直方向的输入，在 X-Y 方式时，作为 X 轴输入端。

12．CH1 垂直微调旋钮

垂直微调旋钮用于连续改变电压偏转系数。此旋钮在需要测量幅值数值的情况下应位于顺时针方向旋到底的位置。将旋钮逆时针旋到底，垂直方向的灵敏度下降到原来的 $\frac{2}{5}$。

13．CH2 衰减器开关（VOLTS/DIV）

同 8。

14．CH2 交流/直流转换按键（AC-DC）

同 9。

15．CH2 输入端

和 CH1 输入端一样，但在 X-Y 方式时，作为 Y 轴输入端。

16．CH2 接地按键（GND）

同 10。

17．CH2 垂直微调旋钮

同 12。

18．主扫描时间系数选择开关（TIME/DIV）

扫描速率选择，共 21 挡，0.1μs～0.5s/div，水平方向 1cm 代表的时间数值。

19．扫描非校准状态按键

按下此键，扫描时基进入非校准调节状态，此时调节扫描微调有效。

20．接地

示波器外壳接地端。

21．扫描微调控制旋钮

此旋钮以顺时针方向旋转到底时，处于校准位置，扫描数值由 TIME/DIV 开关指示。此旋钮逆时针方向旋转到底，扫描减慢为原来速度的 $\frac{2}{5}$。当按键 19 未按下时，此旋钮调节无效，即为校准状态。

22．触发极性按键

触发极性选择，用于选择信号的上升沿触发和下降沿触发。
"+"设定在正极性位置，触发电平在触发信号上升沿产生。

"-"设定在负极性位置，触发电平在触发信号下降沿产生。

23．外触发信号输入接口

用于外部触发信号的输入。

24．交替触发

在双踪交替显示时，触发信号来自于两个垂直通道，此方式可用于同时观察两路不相关信号。

25．触发耦合选择开关

根据被测信号的特点，用此开关选择触发信号的耦合方式。为了触发信号的稳定、可靠，有 4 种触发耦合方式可供选择。

AC 耦合：又称电容耦合，只允许用触发信号的交流分量触发，触发信号的直流分量被隔断。通常在不考虑 DC 分量时使用这种耦合方式，以形成稳定触发。但是如果触发信号的频率小于 10Hz（3dB），会造成触发困难。使用交替触发方式且扫速较慢时，如果此方式产生抖动，可使用直流耦合方式。

DC 耦合：不隔断触发信号的直流分量，当触发信号的频率较低或触发信号的占空比很小时，使用直流耦合较好。

高频抑制：触发信号通过交流耦合电路和低通滤波器（约 50kHz-3dB）加到触发电路，触发信号的高频成分被抑制，只有低频信号部分能作用到触发电路。

TV 耦合：用于电视维修的电视信号同步触发，以便于观察 TV 视频信号。触发信号经交流耦合通过触发电路，将电视信号馈送到电视同步分离电路，分离电路拾取同步信号供触发扫描用，这样视频信号能稳定显示。调整主扫描 TIME/DIV 开关，扫描速度根据电视的场和行做如下切换：TV-V：0.5s～0.1ms/div；TV--H：50μs～0.1μs/div。

26．触发源选择开关

CH1：CH1 通道的输入信号是触发信号，当工作方式在 *X-Y* 方式时，拨动开关应设置于此挡。

CH2：CH2 通道的输入信号是触发信号。

电源触发：电源信号是触发信号。这种方法用在被测信号与电源频率相关时有效，特别是测量音频电路、闸流管电路等工频电源噪声时更为有效。

外触发：外触发输入端的信号是触发信号，用于特殊信号的触发。使用的外接输入信号与被测信号应具有周期性关系。由于被测信号没有用作触发信号，波形的显示与测量信号无关。

27．*X-Y* 控制键

按入此键，垂直偏转信号接入 CH2 输入端，水平偏转信号接入 CH1 输入端。

28．触发方式选择

自动：在"自动"扫描方式时，扫描电路自动进行扫描。在没有信号输入或输入信号没

有被触发同步时，屏幕上仍然可以显示扫描基线。

常态：有触发信号才能扫描，否则屏幕上无扫描线显示。当输入信号的频率低于 50Hz 时，需要使用"常态"触发方式。

单次：当"自动"、"常态"两键同时弹出时，示波器被设置于单次触发工作状态，当触发信号来到时，准备指示灯亮，单次扫描结束后指示灯熄灭。"复位"键按下后，电路又处于待触发状态。

复位：配合"单次"扫描方式使用。

29．电平锁定按键

按下此键，无论信号如何变化，触发电平都自动保持在最佳位置，不需要人工调节电平。

30．触发电平旋钮

用于调节被测信号在某选定电平触发，当旋钮转向"+"时显示波形的触发电平上升，反之触发电平下降。

31．释抑

当信号波形复杂，用电平旋钮不能稳定触发时，可用"释抑"旋钮使波形稳定同步。

32．水平位移

用于调节光迹在水平方向移动，顺时针方向旋转该旋钮为向右移动光迹，逆时针方向旋转为向左移动光迹。

33．扩展控制键（×5 扩展）

按下此键时，扫描因数×5 扩展，扫描时间是 TIME/DIV 开关指示数位的 1/5。

34．延迟扫描 B 时间系数选择开关（B TIME/DIV）

选择 B 扫描速率，分 12 挡，0.1μs～0.5ms/div。

35．延迟时间调节旋钮

调节延迟扫描对应于主扫描起始延迟多少时间。启动延迟扫描，调节该旋钮，可在主扫描全程任何时段启动延迟扫描。

36．CH2 极性按键

按下此按键时 CH2 显示反相信号。

37．CH2 垂直位移旋钮

调节光迹在屏幕中的垂直位置。

38．水平工作方式选择按键

A：按下此键，主扫描 A 单独工作，用于一般波形观察。

A 加亮：选择主扫描 A 的某区段扩展为延迟扫描。与 A 扫描相对应的 B 扫描区段（延迟扫描）以高亮度显示。

B：单独显示延迟扫描 B。

B 触发：选择连续延迟扫描和触发延迟扫描。

39．垂直方式选择开关

选择垂直方向的工作方式。

CH1：屏幕上仅显示通道 1 的信号。

CH2：屏幕上仅显示通道 2 的信号。

双踪：屏幕上显示两个通道的信号，自动以交替或断续的方式显示。

叠加：显示两通道输入信号的代数和。

40．CH1 垂直位移旋钮

调节光迹在屏幕中的垂直位置。

41．断续工作方式按键

CH1、CH2 两个通道按断续方式工作，断续频率为 250kHz，适用于低速扫描。

42．显示屏

示波器的测量显示终端。

11.3　使用方法

1．使用前设置

示波器背面有交流电源插座，该插座下部装有保险丝。使用前，要检查电压插座上标明的额定电压，并使用相应的保险丝，连接交流电源线。

按表 11-1 设置仪器的开关、控制旋钮和按键。设定好之后，将电源线接到交流电源插座。

表 11-1　示波器基本操作

项　　目	编　　号	设　　置
电源（POWER）	7	弹出
辉度（INTENSITY）	2	顺时针上 1/3 处
聚焦（FOCUS）	4	适中
垂直方式（MODE）	39	CH1
断续（CHOP）	41	弹出

续表

项　目	编　号	设　置
CH2 反相（INV）	36	弹出
垂直位移（POSITION）	37 40	适中
衰减开关（VOLTS/DIV）	8 13	0.5V/div
微调（VARIABLE）	12 17	校准位置
接地（GND）	10 16	按下
触发源（SOURCE）	26	CH1
耦合（COUPLING）	25	AC
触发极性（SLOPE）	22	+
交替触发（TRIG ALT）	24	弹出
电平锁定（LOCK）	29	按下
释抑（HOLDOFF）	31	最小（逆时针方向）
触发方式	28	自动
水平显示方式（HORIZ DISPLAY）	38	A
A TIME/DIV	18	0.5ms/div
扫描非校准（SWP UNCAL）	19	弹出
水平位移（POSITION）	32	适中
×5 扩展（×5MAG）	33	弹出
X-Y	27	弹出

2．基本操作

（1）打开电源开关，确定电源指示灯变亮，约 20s 后，示波管屏幕上会显示光迹，如果 60s 后仍未出现光迹，应按表 11-1 检查开关和控制按键的设定位置。

（2）调节辉度和聚焦旋钮，将光迹亮度调到适度，且最清晰。

（3）调节 CH1 位移旋钮及光迹旋转旋钮，将扫线调到与水平中心刻度线平行。

（4）将探极连接到 CH1 输入端，将 2Vp-p 校准信号加到探极上。

（5）将 CH1 的 GND 按钮弹出，屏幕上将会出现如图 11-2 所示的波形。

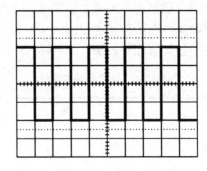

图 11-2　CH1 方波波形

（6）调节聚焦旋钮，使波形最清晰。

（7）为便于信号的观察，将 VOLTS/DIV 开关和 TIME/DIV 开关调到适当的位置，使信号波形幅度适中、周期适中。

（8）调节垂直移位和水平移位旋钮到适中位置，使显示的波形对准刻度线且电压幅度（Vp-p）和周期（T）能方便读出。

CH2 的单通道操作方法与 CH1 类似。

3．双通道操作

将垂直方式开关置于双踪，此时，CH2 的光迹也显示在屏幕上，CH1 光迹为校准信号方波，CH2 因无输入信号显示为水平基线。

同通道 CH1 基本操作一样，将校准信号接入通道 CH2，弹出 GND 按键，调节垂直方向位移旋钮，使双通道信号如图 11-3 所示。

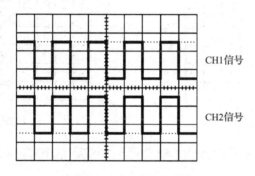

图 11-3　双通道信号波形

双通道操作时，无论选择"双踪"还是"叠加"，如果 CH1 和 CH2 信号为相关信号，"触发源"开关选择 CH1 或 CH2 信号，波形均被稳定显示；如果它们不是相关信号，必须使用"交替触发"，两个通道不相关的信号波形也可以被稳定同步，此时不可同时按下"断续"和"交替触发"按键。

5ms/div 以下的扫描范围使用"断续"方式，2ms/div 以上扫描范围为"交替"方式，当按下"断续"按键时，在所有扫描范围内均以"断续"方式显示两条光迹，"断续"方式优先于"交替"方式。

4．叠加操作

将垂直方式设定在叠加状态，可在屏幕上观察到 CH1 和 CH2 信号的代数和，如果按下了 CH2 反相按键开关，则显示为 CH1 和 CH2 信号之差。

如要想得到精确的相加或相减，可借助于垂直微调旋钮将两通道的偏转系数精确调整到同一数值上。

垂直位移可由任一通道的垂直移位旋钮调节，观察垂直放大器的线性时，将两个垂直位移旋钮设定到中心位置即可。

5．X-Y 操作与 X 外接操作

"X-Y"按键按下，内部扫描电路断开，由"触发源"选择的信号驱动水平方向的光迹。

当触发源开关设定为"CH1"位置时，示波器为"*X-Y*"操作，CH1 为 *X* 轴，CH2 为 *Y* 轴；当触发源设定"外接"位置时，示波器便为"*X* 外接方式"扫描操作。

（1）"*X-Y*"操作

假设 CH1 输入一个正弦信号，CH2 输入与 CH1 反向的正弦信号。

垂直方式开关选择"CH1"方式，触发源开关选择"CH1"，此时 CH1 为 *X* 轴，CH1 为 *Y* 轴，如图 11-4 所示。

垂直方式开关选择"CH2"方式，触发源开关选择"CH1"，此时 CH1 为 *X* 轴，CH2 为 *Y* 轴，如图 11-5 所示。

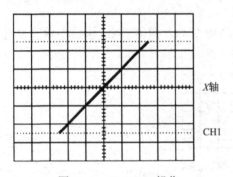

图 11-4　CH1-CH1 操作

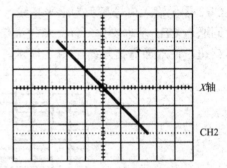

图 11-5　CH1-CH2 操作

垂直方式开关选择"双踪"方式，触发源开关选择"CH1"，此时 CH1 为 *X* 轴，CH1 和 CH2 为 *Y* 轴，如图 11-6 所示。

"*X-Y*"操作时，水平位移旋钮直接用作 *X* 轴，若要显示高频信号则必须注意 *X* 轴和 *Y* 轴之间的相位差及频带宽度。

（2）*X* 外接（EXT）操作

作用在外触发输入端上的外接信号驱动 *X* 轴，任一垂直信号由垂直工作方式开关选择，当选定双踪方式时，CH1 和 CH2 信号均以断续方式显示，如图 11-7 所示。

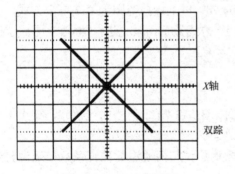

图 11-6　CH1-双踪操作

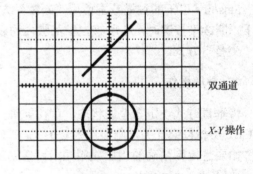

图 11-7　*X* 外接操作

6. "电平"控制和"释抑"控制功能

（1）电平控制器控制功能

"电平"控制旋钮用于调节触发电平以稳定显示图像，一旦触发信号超过控制旋钮所设置的触发电平，扫描即被触发且屏幕上稳定显示波形，顺时针旋动旋钮，触发电平向上变化，反之向下变化，变化特性如图 11-8 所示。

电平锁定：按下电平锁定开关时，触发电平被自动保持在触发信号的幅度之内，且不需要进行电平调节即可得到稳定的触发，只要屏幕信号幅度或外接触发信号输入电压在下列范围内，该自动触发锁定功能就是有效的。

YB4320G：50Hz～20MHz≥2.0div（0.25V）。

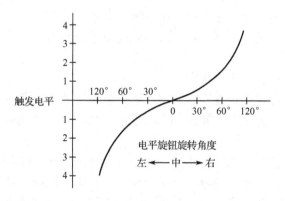

图 11-8　触发电平

（2）"释抑"控制功能

当被测信号为两种以上频率的复杂波形时，上述提到的电平控制触发可能并不能获得稳定波形。此时，可通过调整扫描波形的释抑时间（扫描回程时间）来使扫描与被测信号波形稳定同步。

如图 11-9（a）所示为屏幕交叠的几条不同的波形，当释抑旋钮在最小状态时，很难观察到稳定同步信号。

如图 11-9（b）所示的信号不需要部分被释抑掉，波形在屏幕显示没有重叠现象。

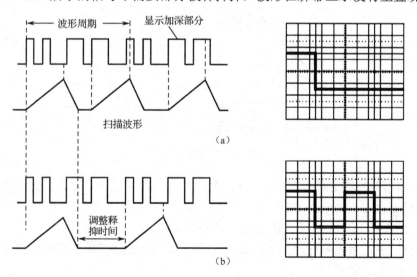

图 11-9　"释抑"控制功能

7. 单次扫描工作方式

通常的重复扫描工作方式下，在屏幕上很难观察到非重复信号和瞬间信号。这些信号必须采用单次工作方式显示，并可拍照以供观察。

（1）"自动"和"常态"按键均弹出。

（2）将被测信号作用于垂直输入端，调节触发电平。

（3）按下"复位"按键，扫描产生一次，被测信号在屏幕上仅显示一次。

测量单次瞬变信号：

（1）将"触发"方式设定为"常态"；

（2）将校准输出信号作用于垂直输入端，根据被测信号的幅度调节触发电平；

（3）将"触发"方式设定为"单次"，即"自动"和"常态"均弹出，在垂直输入端重新接入被测量信号。

（4）按下"复位"按键，扫描电路处于"准备"状态且准备指示灯变亮。

（5）随着输入电路出现单次信号，产生一次扫描，把单次瞬变信号显示在屏幕上，单次扫描工作也能以 A 加亮方式进行，但是它不能用于双通道交替工作方式。在双通道单次扫描工作方式下应使用断续方式。

8. 扫描扩展

当被显示波形的一部分需要沿时间轴扩展时，可使用较快的扫描速度，但如果所需扩展部分远离扫描起点，此时欲加快扫描速度，它可能会跑出屏幕。在此种情况下可按下扩展开关按键，显示的波形由中心向左右两个方向扩展为原来的 10 倍或 5 倍，通过位移控制任意部分均可被扩展，如图 11-10 所示。

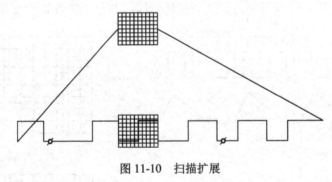

图 11-10　扫描扩展

扩展操作过程中的扫描时间如下：（TIME/DIV 开关指示值）×1/5。因此，未扩展的最快扫描值随着扩展改变，如 0.1μs/div 变为：

$$0.1μs/div×1/5=0.02μs/div$$

当扫描被扩展，且扫描速度快于 0.1μs/div 时，光迹可能会变暗，此时，被显示的波形可以通过 B 扫描方式进行扩展。

9. 用延迟扫描进行波形扩展

前面所述的扫描扩展，虽然扩展方法简单，但扩展倍率仅限为 5 倍。下面所述的延迟扫描方式，根据 A 扫描时间与 B 扫描时间之间的比值，扫描扩展范围可达到几千倍。

当被测信号的频率较高，未扩展信号的 A 扫描速度系数较小时，得到的扩展倍率将变小，而且随着扩展倍率的扩大，光迹的亮度越来越暗，并且延迟晃动加剧，为解决这些问题，示波器中设定了一种连续可调延迟电路和触发延迟电路。

（1）连续可调延迟

在扫描处于常规操作方式中一般将"水平显示方式"设定为 A 显示信号波形，然后将 B TIME/DIV 开关的挡位值设定得比 A TIME/DIV 快几挡。使水平显示方式的 B 触发按键处于弹出位置，然后将水平显示方式开关设定为 A 加亮位置，延迟扫描波形的一部分将会加亮显示，如图 11-10 所示，该种状态可进行延迟扫描，加亮部分可在 B 扫描扩展。

A 扫描起点到 A 扫描被加亮起点的时间被称为扫描延迟时间。

该时间可通过延迟时间位移旋钮连续调节，然后转换水平工作开关到 B 扫描位置，B 扫描波形将扩展至全屏幕，如图 11-11 所示。B 扫描时间由 B TIME/DIV 开关设置，扩展倍率的计算方法如下：

$$\text{扩展倍率} = \frac{A\ TIME/DIV}{B\ TIME/DIV}\ \text{指示值}$$

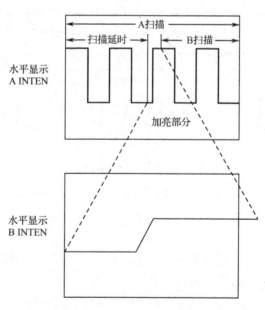

图 11-11　连续可调延迟

（2）触发延迟

在连续可调延迟方式下，当被显示波形扩展 100 倍或更大时，将会产生延迟晃动，为了消除晃动，可使用触发延迟方式触发，这样触发晃动随着 B 扫描再次触发而减小。且在这种操作过程中，即使按下了 B 触发按键，B 扫描由触发脉冲触发，A 触发电路仍继续工作，因此，即使通过旋转时间延迟位移旋钮来改变延迟时间，扫描起点也是跳跃变化的，而不是连续变化的。在 A 加亮方式下，屏幕上加亮部分是跳跃变化的，但在 B 扫描方式下，B 扫描波形能够保持稳定显示，如图 11-12 所示。

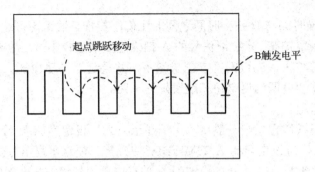

图 11-12　触发延迟

10．探极校准

为使探极能够在示波器频率范围内准确衰减，必须有合适的相位补偿，否则显示的波形就会失真，从而引起测量误差。在使用之前，探极必须做适当的补偿调节。将探极 BNC 接到 CH1 或 CH2 输入端，将 VOLTS/DIV 设定为 5mV，将探极接到校准电压输出端，如图 11-13 所示，调节探极上的补偿电容，得到最佳方波。

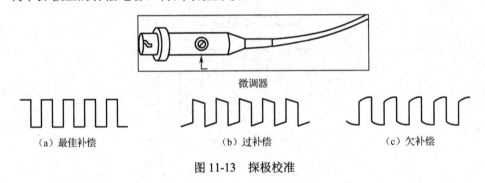

图 11-13　探极校准

11.4　注意事项

（1）不要使示波器屏幕长时间显示一个静止不动的光点，这是因为电子束长时间轰击屏幕一点，会在荧光屏上形成暗斑，损坏荧光屏。

（2）通过调节亮度和聚焦旋钮使光点直径最小以使波形清晰，在保护视力及设备的同时，也能减小测试误差。

（3）示波器为非平衡式仪表，探极的黑色端应接地，并且接线时先接黑色端，拆线时相反。

（4）在只使用一个通道的情况下，触发源（SOURCE）的选择应与所用通道一致。

（5）在使用两个通道观察两路波形时，首先根据所观察信号的频率选择显示方式为"交替"或"断续"，然后根据两路信号的关系选择触发源，具体方法是如果两路信号有一定的关系，如要同时观察电路的输入/输出信号，则必须选择两个信号之一，一般选择周期较大或幅度较大的一个信号作为触发源，这样才能观察到两路信号的相位关系。

（6）观察两路信号的相位关系时要确认任何一个通道都没有选择"反相"功能。

（7）为保证波形稳定显示，在正确选择了触发源的前提下，还应注意调节触发电平旋钮。

（8）示波器显示波形时，水平方向一般应调到2~3个周期，垂直方向则应调到波形的高度占到满屏的三分之二或一半以上。

（9）在定量测量时，读取电压幅值时应检查 VOLTS/DIV 开关上的微调旋钮是否选校准位置，读取周期时应检查 SWEEP TIME/DIV 开关上的微调旋钮是否选校准位置，否则读数是错误的。

（10）注意检查探极是否有衰减，一般实验室使用 10∶1 衰减探极，此时所测真实值应为读数的 10 倍。

参 考 文 献

[1] 余佩琼，等. 电路实验与仿真. 北京：电子工业出版社，2016.

[2] 张志立，邓海琴，等. 电路实验与实践教程. 北京：电子工业出版社，2016.

[3] 陈晓平，李长杰，等. 电路实验与 Multisim 仿真设计. 北京：机械工业出版社，2015.

[4] 张彩荣，等. 电路实验实训及仿真教程. 南京：东南大学出版社，2015.

[5] 刘东梅，等. 电路实验教程（第2版）. 北京：机械工业出版社，2013.

[6] 刘凤春，王林，等. 电工学实验教程. 北京：高等教育出版社，2013.

[7] 陈希有，等. 电路理论教程. 北京：高等教育出版社，2013.

[8] 王欣，王兆雷，等. 电工电子技术基础及技能训练. 北京：电子工业出版社，2012.

[9] 姜艳红，王丹宁，邸新. 电路实验（第二版）. 大连：大连理工大学出版社，2008.

[10] 张峰，吴月梅，等. 电路实验教程. 北京：高等教育出版社，2008.

[11] 董维杰，白凤仙，等. 电路分析. 北京：科学出版社，2007.